P. Marimuthu
Moorthy Veerasamy

Correção de tensão na produção distribuída

P. Marimuthu
Moorthy Veerasamy

Correção de tensão na produção distribuída

ScienciaScripts

Imprint

Any brand names and product names mentioned in this book are subject to trademark, brand or patent protection and are trademarks or registered trademarks of their respective holders. The use of brand names, product names, common names, trade names, product descriptions etc. even without a particular marking in this work is in no way to be construed to mean that such names may be regarded as unrestricted in respect of trademark and brand protection legislation and could thus be used by anyone.

Cover image: www.ingimage.com

This book is a translation from the original published under ISBN 978-620-7-46219-3.

Publisher:
Sciencia Scripts
is a trademark of
Dodo Books Indian Ocean Ltd. and OmniScriptum S.R.L publishing group

120 High Road, East Finchley, London, N2 9ED, United Kingdom
Str. Armeneasca 28/1, office 1, Chisinau MD-2012, Republic of Moldova, Europe
Managing Directors: Ieva Konstantinova, Victoria Ursu
info@omniscriptum.com

Printed at: see last page
ISBN: 978-620-8-39392-2

Conteúdo

Capítulo 1 2

Capítulo 2 5

Capítulo 3 14

Capítulo 4 31

Capítulo 5 44

Capítulo 6 48

Conclusão 51

Bibliografia 52

Introdução

1.1 Motivação do estudo

A maioria dos investigadores concorda que a utilização de combustíveis fósseis tem de ser reduzida em relação à situação atual. O Protocolo de Quioto exige que os países desenvolvidos reduzam as suas emissões de gases com efeito de estufa para níveis inferiores aos especificados para cada um deles. Estes objectivos devem ser atingidos num período de cinco anos, entre 2008 e 2012, e somados representam uma redução total das emissões de, pelo menos, 5% em relação à linha de base de 1990[2]. O Tratado entrou em vigor em 16 de fevereiro de 2005 e a Noruega assinou um compromisso de não aumentar as emissões de gases com efeito de estufa em mais de 1% em relação ao nível de 1990. Em 2005, a Noruega tinha aumentado as emissões em 8% em relação ao nível de 1990[3].

A proteção do ambiente, a poupança de energia e a melhoria da eficiência energética são temas importantes para cumprir os objectivos do Protocolo de Quioto. No entanto, a procura de eletricidade continua a crescer. Atualmente, 40% de todo o consumo de energia é constituído por energia eléctrica, prevendo-se que este valor aumente para 60% até 2040[4]. A invenção da eletrónica de potência permitiu diminuir o consumo de energia através de sistemas energéticos mais eficientes.

A principal tarefa desta tese é criar um programa de simulação de um pequeno sistema de distribuição de corrente alternada com uma carga de potência constante (CPL) constituída por um conversor eletrónico de potência. Serão apresentados os antecedentes e a teoria do modelo de simulação. Para verificar se a carga actua como CPL, será feito um estudo de simulação para delinear o comportamento típico de uma CPL. As simulações serão realizadas para comparar um CPL passivo sem compensação reactiva com um CPL ativo que injecta potência reactiva no sistema. A comparação diz respeito ao suporte de tensão. Serão discutidas algumas considerações sobre as vantagens e desvantagens do controlo reativo.

1.2 Eletrónica de potência em sistemas de distribuição CA

A utilização da eletrónica de potência em sistemas de energia distribuídos está a aumentar nas áreas da interface de produção, armazenamento de energia e cargas. Prevê-se que a parte da energia eléctrica que será controlada pela eletrónica de potência aumentará de 40% em 2000 para 80% em 2015[4]. Assim, a eletrónica de potência terá uma responsabilidade considerável na fiabilidade e estabilidade dos futuros sistemas de energia. A expansão das energias renováveis nos sistemas de energia exige uma maior utilização da eletrónica de potência para um controlo eficiente e a integração na rede.

O progresso na eletrónica de potência tem sido possível principalmente devido à melhoria dos dispositivos semicondutores de potência[5]. O desenvolvimento de topologias de conversores, de técnicas de modulação por largura de impulso (PWM), de técnicas de controlo e de estimação, de métodos analíticos e de simulação, de computadores, de processadores de sinais digitais, de hardware e software de controlo, etc., também contribuiu para a melhoria da eletrónica de potência. A invenção do tiristor deu início à era moderna da eletrónica de potência de estado sólido. Após esta invenção, foi desenvolvida uma série de transístores e tirístores. No sistema em estudo, será estudado um conversor constituído por 6 transístores bipolares de porta isolada (IGBTs) com díodos de potência em antiparalelo. O conversor utiliza uma matriz de comutadores de semicondutores de potência para converter energia eléctrica com elevada eficiência. Os conversores IGBT atualmente disponíveis para utilização na distribuição têm uma potência nominal de 1-2 MVA, mas podem ser ligados em paralelo para dar ao sistema uma potência total de até 10 MVA[6].

Um sistema de distribuição com uma elevada percentagem de cargas electrónicas de potência pode ser instável em condições de funcionamento anormais, como a queda de tensão ou uma falha fase-terra. Uma vez que os conversores de fonte de tensão têm a capacidade de produzir e absorver energia reactiva, este estudo investigará um conversor de fonte de tensão para suporte de tensão num sistema de energia distribuído. Os conversores regulados com sistemas de controlo de elevada largura de banda nas cargas eléctricas de potência podem atuar como cargas de potência constante. Este tipo de carga é o principal componente da investigação nesta tese. Os resultados da simulação mostram como a conceção do regulador do conversor afecta a tensão no sistema.

Capítulo 2

Antecedentes

2.1 Rede de energia eléctrica na Noruega

Existem três níveis na rede eléctrica norueguesa: rede principal, rede regional e rede de distribuição[7]. A rede principal é a espinha dorsal da rede de transporte com tensões de 420, 300 e 132 kV. A Statnett detém cerca de 90% da rede principal e gere este sistema. Os níveis de tensão da rede regional são frequentemente de 132, 66 e 45 kV. Nos níveis de tensão mais baixos, a rede de distribuição transporta a corrente para diferentes cargas. A rede de distribuição divide-se em alta tensão a 22-11 kV e baixa tensão a 400-230 V[8].

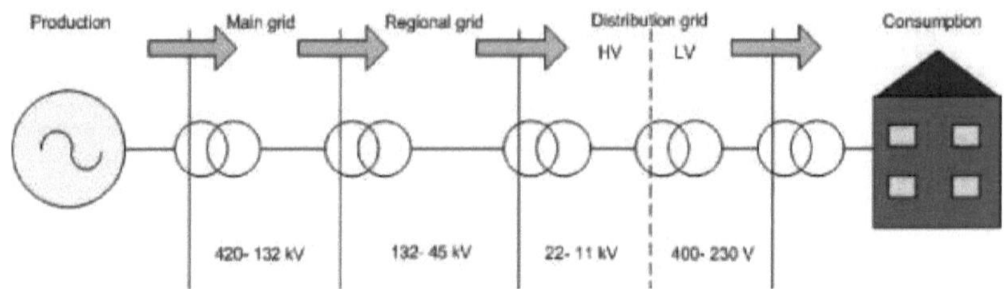

Figura 2.1: A rede eléctrica norueguesa.

2.2 Sistema AC distribuído

Na figura 2.1, pode parecer que a última parte da rede eléctrica contém apenas cargas. No entanto, muitas vezes não é esse o caso. O sistema distribuído de corrente alternada é composto tanto pela produção como por vários tipos de cargas. É geralmente desejável que a produção de energia eléctrica esteja o mais próximo possível do consumo. A figura 2.2 apresenta uma ilustração de um sistema de distribuição típico. A produção pode ser, por exemplo, constituída por parques eólicos ou pequenas centrais hidroeléctricas. Se um sistema elétrico tiver muita produção de energia eólica, isso pode resultar numa má qualidade da energia e em margens de estabilidade reduzidas. Um método para melhorar a qualidade da energia e as margens de estabilidade pode ser a utilização de um compensador estático (STATCOM)[9]. Outro método que está a ser investigado é a utilização de cargas controladas por eletrónica de potência para apoio à tensão[10]. É este método que será objeto de investigação na presente tese.

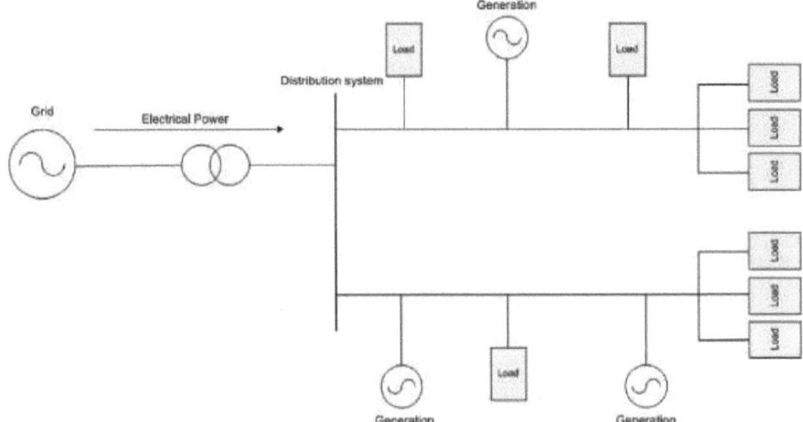

Figura 2.2: Exemplo de um sistema AC distribuído.

Um sistema de energia distribuída é caracterizado pela distribuição das funções de processamento de energia entre muitas unidades de processamento de energia (PPUs)[11]. Uma PPU é mostrada na figura 2.2 e uma conexão de três PPUs é mostrada na figura 2.3.

Com a expansão dos dispositivos de estado sólido nos sistemas de energia CA para melhorar o desempenho e a flexibilidade, os accionamentos de motores e os conversores electrónicos de potência são amplamente utilizados em cargas[12]. Este será o foco de investigação desta tese.

As cargas nestes sistemas podem comportar-se de forma passiva ou ativa. As cargas passivas consomem energia do sistema sem ter em conta a estabilidade do sistema. Em contrapartida, uma carga ativa é um participante ativo no que diz respeito à estabilidade do sistema. Um exemplo da diferença entre estes tipos de cargas será analisado mais tarde através de simulações.

A maioria das cargas nestes sistemas requer tensão e frequência constantes. Estática

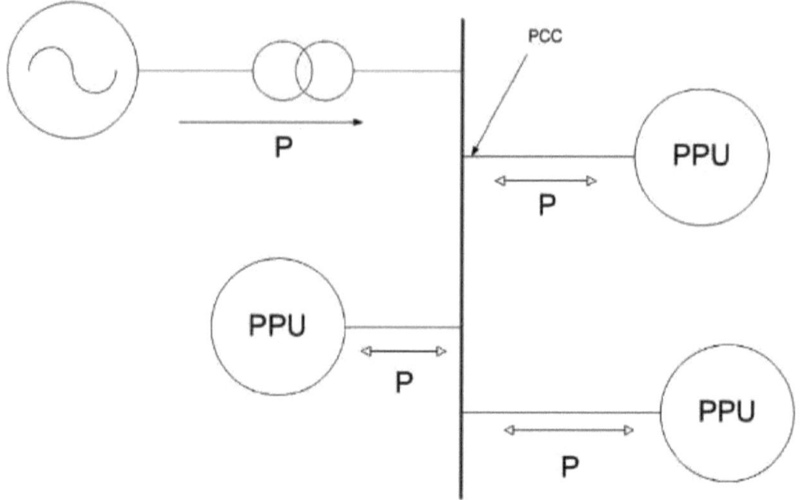

Figura 2.3: Três PPUs ligadas entre si num sistema AC distribuído. *PCC* denota ponto de acoplamento comum. É o ponto onde a PPU se liga à rede comum.

Os modelos de carga expressam as potências activas e reactivas em estado estacionário em função da tensão do barramento a uma determinada frequência. As cargas nestes sistemas são tipicamente categorizadas da seguinte forma[13]:

• Modelo de carga de impedância constante, em que a potência varia com o quadrado da magnitude da tensão.

• Modelo de carga de corrente constante, em que a potência varia diretamente com a magnitude da tensão.

• Modelo de carga de potência constante, em que a potência não varia com as alterações na magnitude da tensão.

Este trabalho envolverá o modelo de carga de potência constante.

2.3 Carga de potência constante

A quantidade de cargas de potência constante (CPL), constituídas por conversores e inversores de potência auto-regulados de estado sólido, está a aumentar em muitas instalações eléctricas.

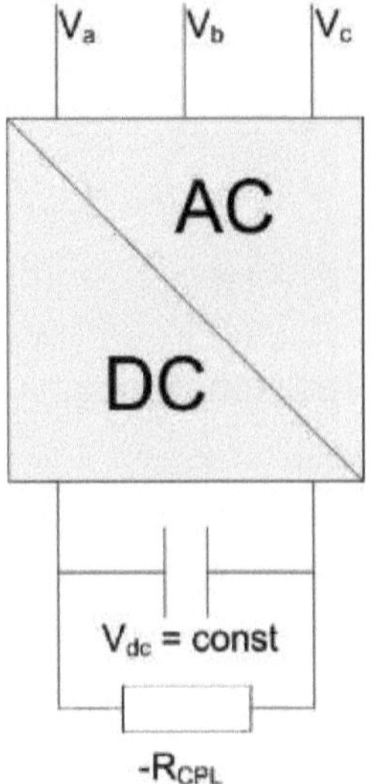

Figura 2.4: Carga de potência constante.

sistemas de distribuição de energia[14]. Quando um conversor eletrónico de potência é fortemente regulado, pode comportar-se como um CPL. Este tipo de carga retira potência ativa constante do sistema, independentemente das condições do mesmo. É capaz de uma elevada regulação da largura de banda e de uma elevada eficiência de conversão de energia. Estas qualidades são desejáveis, mas também podem causar instabilidades no sistema e, eventualmente, falhas de funcionamento se não forem evitadas. A regulação de elevada largura de banda combinada com elementos de filtragem no sistema pode resultar em oscilações negativamente amortecidas no sistema de corrente alternada. Isto é conhecido como comportamento de resistência negativa.

Um desenho esquemático de um CPL está representado na figura 2.4. $-R_{cpl}$ demonstra a resistência negativa vista do sistema de distribuição AC. Esta resistência de entrada não linear de pequeno sinal pode ser calculada a partir do facto de a potência de entrada e a potência de saída serem iguais[15]. A Equação 2.1 mostra essa relação. Esta equação é válida para frequências abaixo da frequência de comutação e para regulação de alta largura de banda do conversor[14]. Diferenciando a tensão em relação à corrente, obtém-se a resistência de entrada negativa, como indicado na equação 2.2. A tensão CC é fixa e a quantidade de corrente consumida depende da quantidade de potência requerida pela carga.

$$P_{in} = P_{out} = v \cdot i$$
$$v = \frac{P}{i} \tag{2.1}$$

$$\frac{dv}{di} = -i^{-2} \cdot P = -\frac{P}{i^2} = -\frac{v^2}{P} = -R_{cpl} \tag{2.2}$$

2.3.1 Comportamento de resistência negativa

A caraterística de resistência incremental negativa é típica para uma carga de potência constante. A diminuição da resistência de defeito resulta na redução da tensão do sistema CA durante um defeito. Como consequência, as operações do controlador interno fazem com que o conversor retire mais corrente do sistema. Este controlo do conversor orientado para a tensão é regulado para manter a entrada de potência ativa no conversor num valor constante, independentemente das condições do sistema.

A caraterística estática tensão de entrada - corrente para a carga é mostrada na figura 2-5- O gráfico é uma hipérbole, uma vez que P_{in} é um valor constante- A figura 2-5 mostra dois valores diferentes de resistência de entrada, $-R_{cpl1}$ e $-R_{cpl2}$, em dois pontos de operação diferentes do conversor- Esta curva é conhecida como curva de resistência negativa porque a inclinação desta curva é negativa- A verificação desta curva será feita para o caso em estudo nos capítulos seguintes-

Com esta desvantagem do CPL em relação à estabilidade do sistema, é desejável um método para reduzir este efeito. A injeção de corrente reactiva a partir do CPL é uma alternativa apresentada nesta tese.

2.4 Compensação de potência reactiva

A compensação de potência reactiva, ou compensação Var, é definida como a gestão da potência reactiva para melhorar o desempenho dos sistemas de corrente alternada[16]- A maioria dos problemas de qualidade de energia pode ser atenuada ou resolvida com um controlo adequado da potência reactiva- A compensação de potência reactiva é vista sob dois aspectos:

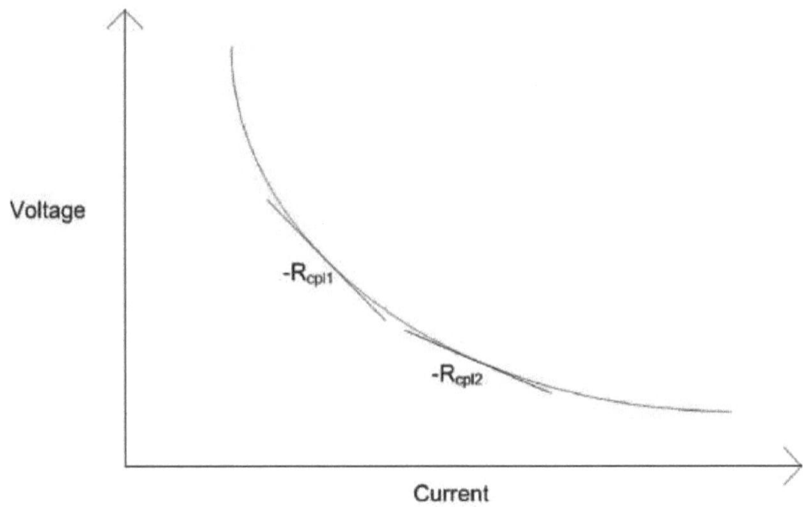

Figure 2.5: Negative resistance curve typical for CPLs.

• compensação de cargas, para aumentar o fator de potência do sistema, para equilibrar a potência real retirada da alimentação CA, para compensar a regulação da tensão e para eliminar os componentes harmónicos da corrente produzidos por cargas industriais não lineares grandes e flutuantes.

• suporte de tensão, para reduzir a flutuação de tensão num determinado terminal de uma linha de transmissão.

A compensação Var em sistemas de transmissão também melhora a estabilidade do sistema CA, aumentando a potência ativa máxima que pode ser transmitida e mantendo um perfil de tensão substancialmente plano em todo o sistema CA.

Os condensadores síncronos rotativos e os condensadores ou indutores fixos ou comutados mecanicamente têm sido o método tradicional de compensação da potência reactiva. Um condensador síncrono é simplesmente uma máquina síncrona ligada ao sistema elétrico. Nos últimos anos, foram desenvolvidos compensadores estáticos de var (SVC) que utilizam condensadores comutados por tiristores (TSC) e reactores controlados por tiristores (TCR) para fornecer e absorver a potência reactiva necessária. Outro método é a utilização de conversores de modulação de largura de impulsos (PWM) auto-comutados que permitem a implementação de compensadores estáticos capazes de gerar ou absorver componentes de corrente reactiva com uma resposta temporal mais rápida do que o ciclo fundamental da rede eléctrica.

A Tabela 2.1 compara estes quatro tipos básicos de compensadores[16].

Neste trabalho será investigado um conversor PWM que controla uma carga de potência constante para compensação reactiva.

	Compensadores reactivos			
	Condensador síncrono	TCR (com condensadores de derivação, se necessário)	TSC(com TCRif necessário)	Compensador autocomutado
Exatidão da compensação	Bom	Muito bom	Bom, muito bom com TCR	Excelente
Flexibilidade de controlo	Bom	Muito bom	Bom, muito bom com TCR	Excelente
Capacidade de potência reactiva	Liderar ou Atraso	Liderança ou Indireta retardatária	Liderança ou Indireta retardatária	Dirigir ou Atraso
Controlo	Contínuo	Contínuo	Descontínuo (Cont. com TCR)	Contínuo
Tempo de resposta	Lento	Rápido, 0,5 a 2 ciclos	Rápido, 0,5 a 2 ciclos	Muito rápido , mas dependente de o sistema de controlo e a frequência de comutação
Harmónicas	Muito bom	Muito elevado (são necessários filtros de grandes dimensões)	Bom (são necessários filtros com TCR)	Bom, mas dependente do padrão de comutação
Perdas	Moderado	Bom, mas aumenta em modo de atraso	Bom, mas aumenta em modo de atraso	Muito bom, mas aumenta com a frequência de

				comutação
Capacidade de equilíbrio de fases	Limitada	Bom	Limitada	Muito bom com 1-φ une, limited with 3-φ unites
Custo	Elevado	Moderado	Moderado	Baixa a moderada

Tabela 2.1: Comparação dos tipos básicos de compensadores de potência reactiva.

Capítulo 3

O sistema em estudo

3.1 O sistema AC distribuído

O sistema de distribuição de corrente alternada contém um sistema de produção distribuída modelado como uma máquina assíncrona, uma rede de distribuição, dois transformadores com níveis de tensão de 690 V e 22 kV, uma carga de potência constante e linhas eléctricas para ligar os componentes entre si. A produção e a carga funcionam a 690 V e ligam-se à rede de distribuição através de dois transformadores. A Figura 3.1 mostra o sistema em estudo.

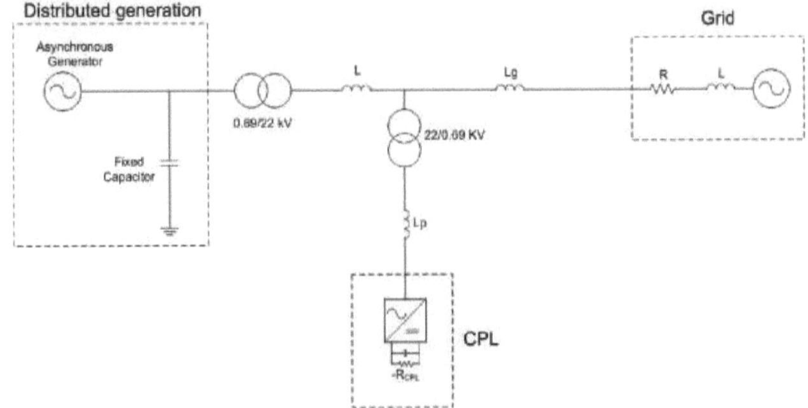

Figura 3.1: O sistema

A carga de potência constante é um conversor AC/DC eletrónico de potência rigorosamente regulado que mantém constante a potência retirada do sistema para a carga.

3.2 Sistema de base para a transformação por unidade

Um sistema de referência por unidade (PU) permite determinar facilmente o valor real de uma quantidade genérica multiplicando-o pelo valor de base escolhido. O sistema pu- fornece uma descrição consistente do sistema que não está ligada a um componente específico através do valor nominal desse componente. É fácil comparar potências, tensões, correntes e impedâncias quando um sistema de referência comum é calculado para todo o sistema. No caso desta tese, é importante comparar tensões e correntes no lado CA e CC do conversor e, portanto, ordenar com um sistema pu global. O método de cálculo do sistema pu é frequentemente utilizado no campo de investigação dos accionamentos eléctricos [17]-[18]. São escolhidos os seguintes valores de referência:

$$S_b = 800[kVA]$$

$$V_{b1} = \sqrt{\frac{2}{3}} \cdot 690[V] = 563.38[V]$$

$$V_{b2} = \sqrt{\frac{2}{3}} \cdot 22000[V] = 17962.92[V] \tag{3.1}$$

$$\omega_b = 2 \cdot \pi \cdot f_n = 314.159[rad/s]$$

em que S_b é a potência trifásica de base da rede de corrente alternada, enquanto V_{b1} e V_{b2} são as tensões de fase de pico de base nos lados primário e secundário do transformador. f_n é a frequência nominal do gerador e ω_b é a frequência de base em rad/s. A corrente de base e a impedância do lado primário são calculadas como:

$$I_{b1} = \frac{2}{3} \cdot \frac{S_b}{V_{b1}} = 946.66[A]$$

$$Z_{b1} = \frac{V_{b1}}{I_{b1}} = 0.595[\Omega] \tag{3.2}$$

enquanto os valores de base para a corrente e a impedância referidas ao lado secundário são

$$I_{b2} = \frac{2}{3} \cdot \frac{S_b}{V_{b2}} = 29.69[A]$$

$$Z_{b2} = \frac{V_{b2}}{I_{b2}} = 605[\Omega] \tag{3.3}$$

Para manter a tensão de controlo do PWM dentro do pico da forma de onda triangular e evitar a sobremodulação, a tensão do lado CC não deve ser inferior a duas vezes a tensão de base, como indicado na equação 3.4. O conceito de sobremodulação será explicado na secção 3.7.5.

$$V_{dc} = 2 \cdot \sqrt{\frac{2}{3}} \cdot V_{LL,rms} = 2 \cdot V_{peak,ph} = 2 \cdot V_{b1} = 1126.77[V] \tag{3.4}$$

Com o balanço de potência da equação 3.5, é possível encontrar a corrente de base dada na equação 3.6.

$$S_{3ph} = 3 \cdot V_{ph} \cdot I_{ph} = \frac{3}{2} \cdot V_{b1} \cdot I_{b1} = V_{dcbase} \cdot I_{dcbase} \tag{3.5}$$

$$I_{dcbase} = \frac{3}{4} \cdot I_{b1} = 710[A] \tag{3.6}$$

E a impedância dc de base é calculada a partir da lei de ohms:

$$Z_{dcbase} = \frac{V_{dcbase}}{I_{dcbase}} = 1.587[\Omega] \tag{3.7}$$

3.3 Produção distribuída

Uma máquina assíncrona pode funcionar como motor ou gerador. É designada por motor quando converte energia eléctrica em energia mecânica, e por gerador no caso oposto. Os geradores assíncronos são muito fiáveis e tendem a ser comparativamente baratos. Além disso, as propriedades mecânicas, como o escorregamento do gerador, que faz com que a velocidade aumente ou diminua ligeiramente se o binário variar, tornam-no útil, por exemplo, em turbinas eólicas.[19] No apêndice A, é apresentada a modelação de uma máquina assíncrona com um referencial rotativo de dois eixos.

É o rotor que torna o gerador assíncrono diferente do gerador síncrono. Um rotor em gaiola de esquilo é constituído por um conjunto de barras de cobre ou de alumínio ligadas eletricamente por anéis terminais de alumínio. O rotor é colocado no meio do estator, que está diretamente ligado às três fases da rede eléctrica.

Um gerador assíncrono em gaiola de esquilo, também chamado de gerador de indução, e um capacitor fixo formam a geração distribuída no caso apresentado. O banco de capacitores é implementado para a magnetização da máquina assíncrona de forma a ter um funcionamento correto. O tamanho deste banco de capacitores é encontrado por ajuste no modelo de simulação para se obter a tensão nominal nos terminais do gerador. Verifica-se que 260 kVar é um tamanho adequado e corresponde bem à relação geral de potência real P, potência reactiva Q e potência aparente S dada na equação 3.8. A potência real nominal de 750 kW do gerador e a potência reactiva de 260 kVar da bateria de condensadores dão uma potência aparente de 794 kVA. Este valor é próximo da potência de base escolhida na equação 3.1. No entanto, este valor não é totalmente exato porque alguma potência reactiva é retirada do filtro capacitivo do conversor para o gerador durante o funcionamento em estado estacionário.

$$S^2 = P^2 + Q^2 \tag{3.8}$$

Com estes valores de potência, o fator de potência é dado pela equação 3.9. O ângulo é capacitivo porque a corrente está a liderar a tensão.

$$
\begin{aligned}
\cos\varphi &= \frac{P}{S} = \frac{750kW}{794kVA} = 0.94458 \\
\varphi &= \arccos\frac{P}{S} = -19.16\,\mathrm{deg}
\end{aligned}
\tag{3.9}
$$

O gerador assíncrono implementado no modelo de simulação tem os parâmetros apresentados na tabela 3.1.

3.4 Os Transformers

Dois transformadores idênticos são inseridos no sistema de distribuição em estudo. Com estes transformadores, o sistema tem dois níveis de tensão. A ligação Y-Δ é mostrada na figura 3.2. Este acoplamento produz uma deslocação de fase. O ponto estrela do enrolamento em Y é ligado à terra. O enrolamento Y é escolhido como enrolamento primário com um nível de tensão de 690 V, enquanto o enrolamento Δ é o enrolamento secundário e funciona a 22 kV. Assumindo um núcleo de transformador ideal e ignorando a corrente de saturação e de magnetização. A configuração dos transformadores está resumida na tabela 3.2.

3.5 Rede de distribuição trifásica

A rede de distribuição de 22 kV é modelada como uma rede fraca e representada por uma fonte de tensão trifásica atrás de uma resistência e uma indutância. Parâmetro

Parâmetros da máquina assíncrona

Potência nominal	750000	$[W]$
Tensão nominal Corrente nominal	$690\ [V_{3ph,rms}]$	
Frequência nominal Pares de pólos		
	$628\ [Braços]$	
	$50\ [Hz]$	
	2	
Resistência do estator	0.0092	$[pu]$
Primeira resistência da gaiola	0.0076	$[pu]$
Resistência da segunda gaiola	$10\ [pu]$	
Reactância de fuga não saturada do estator	0.1580	$[pu]$
Reactância de magnetização não saturada	3.8693	$[pu]$
Reactância mútua insaturada do rotor	0.0651	$[pu]$
Reactância insaturada da segunda gaiola	$10\ [pu]$	
Momento de inércia polar	$10\ [s]$	
Amortecimento mecânico	$0,008\ [pu]$	

Tabela 3.1: Parâmetros da máquina assíncrona implementados no modelo de simulação

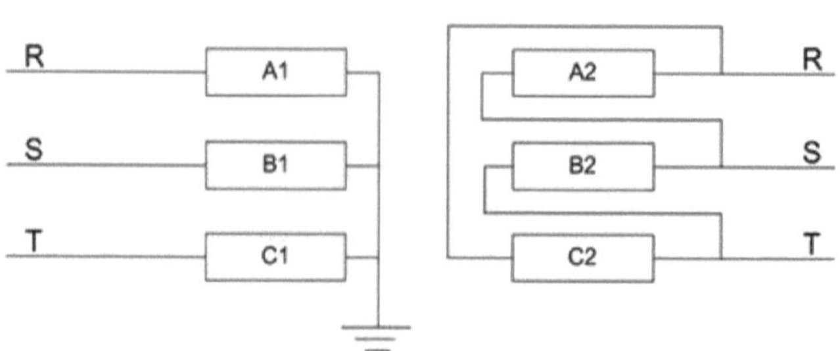

Figura 3.2: Acoplamento de transformador Y-Δ com ponto estrela ligado à terra.

Configuração de transformadores	
Potência nominal	800000 [*VA*]
Frequência nominal	50 [*Hz*]
Tipo de enrolamento 1	Y
Tensão nominal do enrolamento 1	690 [$V_{3ph,rms}$]
Tipo de enrolamento 2	Δ
Tensão nominal do enrolamento 2	22000 [$V_{3ph,rms}$]
Delta desfasado ou adiantado Y	Desfasamentos
Reactância de fuga de sequência positiva	0,06 [*pu*]
Modelo ideal de transformador	Sim
Perdas sem carga	0,001 [*pu*]
Perdas de cobre	0,01 [*pu*]
Saturação activada	Não

Tabela 3.2: Configuração dos transformadores implementados no modelo de simulação

são apresentados no quadro 3.3.

Parâmetros da rede de distribuição	
Tensão nominal	22000 [$V_{3ph,rms}$]
Frequência nominal	50 [*Hz*]
Resistência	2 [Ω]
Indutância	0.05 [*H*]

Tabela 3.3: Parâmetros da rede de distribuição implementados no modelo de simulação

Linhas

Existem três linhas incluídas no sistema, como se pode ver na figura 3.1. As resistências nas linhas são negligenciadas para as linhas entre o sistema de distribuição e a rede porque os valores são demasiado pequenos em comparação com as reactâncias. A reactância *Lp* da rede de distribuição para a carga é muito menor, mas a resistência é negligenciada aqui também por razões de simplicidade. As capacitâncias entre as linhas e para a terra são negligenciadas. Escolhendo um valor de indutância de 1 mH/km, as linhas obtêm valores como os vistos em 3.10

$$L_1 = 1[mH]$$
$$L_g = 50[mH] \qquad (3.10)$$
$$L_p = 0.1[mH]$$

3.6 A carga de potência constante

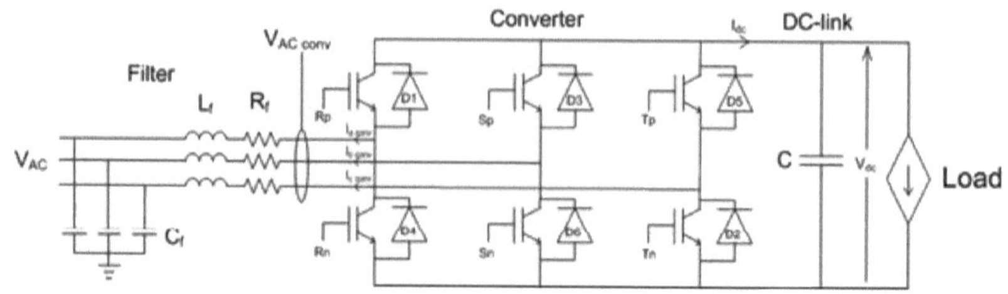

Figura 3.3: O conversor implementado com carga

A figura 3.3 mostra o CPL do filtro do conversor para o elo de corrente contínua e para a carga. L_f é escolhido para ser 5 % da impedância de base. Esta é a indutância mínima exigida para conversores de tiristores práticos, de acordo com as normas alemãs VDE[1]. A resistência R_f é escolhida para ser 1 % da impedância de base. R_f e L_f são calculados na equação 3.11.

$$R_f = 1\% \cdot Z_{b1} = 5.95[m\Omega]$$
$$L_f = 5\% \cdot \frac{Z_{b1}}{2\pi f_n} = 0.0947[mH] \qquad (3.11)$$

É inserido um filtro capacitivo para filtrar os desfasamentos de corrente e os transientes de comutação. C_f é escolhido para ter três condensadores de 1000 [μF].

O conversor de fonte de tensão consiste em interruptores IGBT com díodos antiparalelos que conduzem a corrente inversa. A comutação destes IGBTs é efectuada por uma técnica de modulação de largura de impulsos (PWM) a uma frequência de 5 [kHz]. Um condensador de ligação DC com um valor de 4000 [μF] é ligado em paralelo à carga. Esta carga é modelada como uma fonte de corrente dependente que utiliza um valor de potência especificado manualmente, dividido pela tensão CC medida. Isto é representado na figura 3.4

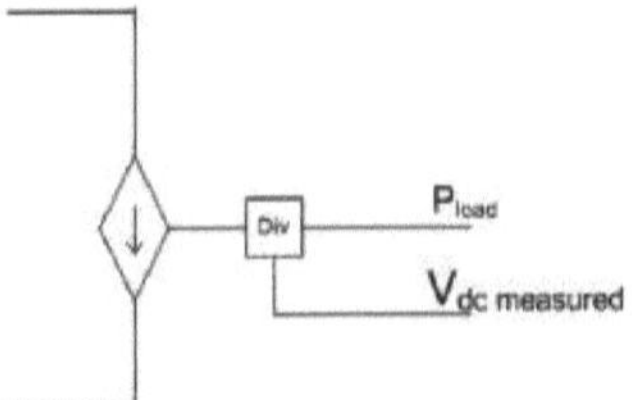

Figura 3.4: Configuração da carga.

3.7 Controlo do conversor

O controlo do conversor é a área mais essencial da tese e será explicado em pormenor.

É implementado um controlo vetorial orientado para a tensão para manter constante a potência real da carga. Esta estratégia de controlo é vantajosa pela sua dinâmica rápida e capacidade de controlo desacoplado[20]. O esquema de controlo do conversor com capacidade para controlar a corrente reactiva é apresentado na figura 3.5.

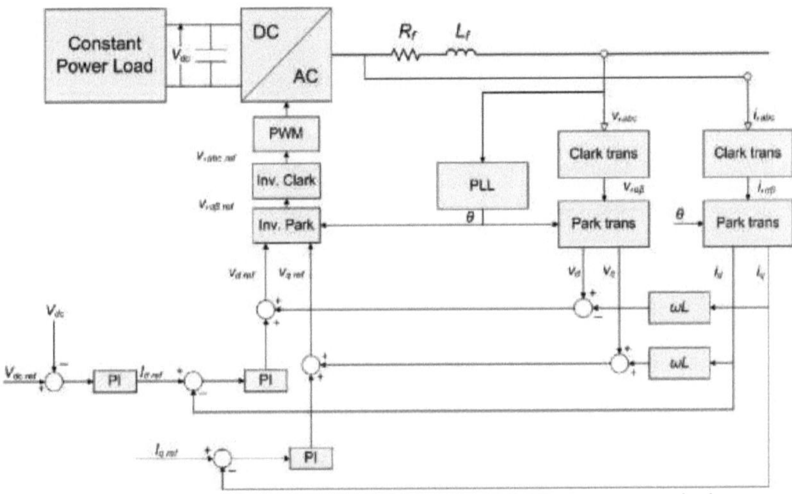

Figura 3.5: Diagrama de controlo do conversor quando o conversor tem controlo da corrente reactiva

Mantendo i_{qref} fixo em zero e excluindo v_q e i_d - ω - L o conversor não compensa a corrente reactiva durante as falhas. O esquema de controlo tem então o aspeto da figura 3.6.

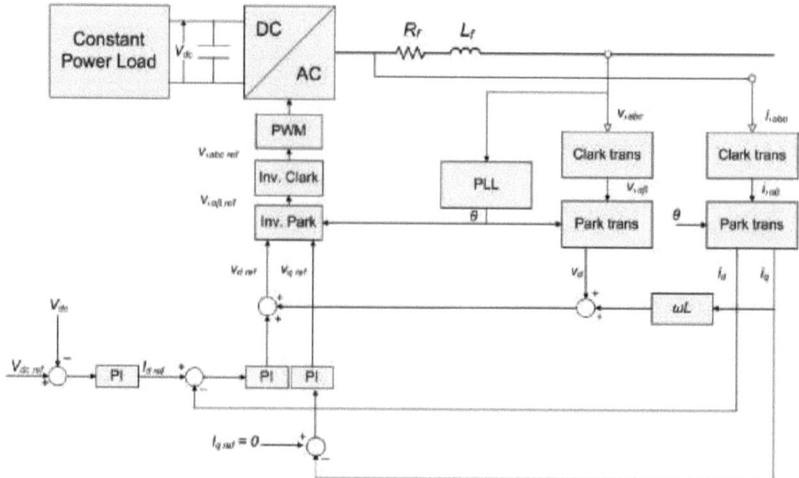

Figura 3.6: Diagrama de controlo do conversor quando este não dispõe de controlo da corrente reactiva

Cada bloco destes esquemas será explicado nas subsecções seguintes.

3.7.1 Representação de duas fases

Com a estratégia de controlo escolhida, é desejável um sistema de dois eixos em contraste com o sistema de eixo estacionário trifásico. O sistema de coordenadas rotativas d-q simplifica a representação da tensão e da corrente. A transformação é efectuada através do sistema de coordenadas estacionárias α-β.

Transformação de Clark

A transformação de Clark converte os valores de fase da tensão e da corrente num quadro de referência α-β estacionário. A transformação inversa de Clark converte as quantidades estacionárias α-β em quantidades estacionárias trifásicas. Os dois sistemas de coordenadas estão representados na figura 3.7.

O eixo a é alinhado com o eixo a trifásico para manter a análise tão simples quanto possível. A matriz para a transformação de Clark é apresentada de seguida.

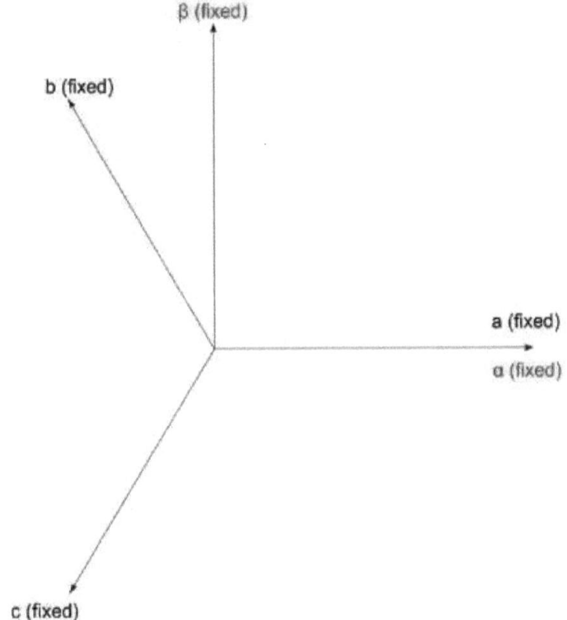

Figura 3.7: O sistema de coordenadas trifásico (preto) e o sistema de coordenadas α-β (vermelho)

$$
\begin{bmatrix} v_\alpha \\ v_\beta \\ v_0 \end{bmatrix} = \frac{2}{3} \cdot \begin{bmatrix} 1 & -\frac{1}{2} & -\frac{1}{2} \\ 0 & \frac{\sqrt{3}}{2} & -\frac{\sqrt{3}}{2} \\ \frac{1}{2} & \frac{1}{2} & \frac{1}{2} \end{bmatrix} \cdot \begin{bmatrix} v_a \\ v_b \\ v_c \end{bmatrix} \tag{3.12}
$$

Note-se que v_0 denota uma tensão de sequência zero, que é assumida como sendo zero. Esta tensão só teria valores diferentes de zero em condições de desequilíbrio. A presunção de correntes e tensões de fase simétricas que somam zero justifica que se negligencie a sequência zero[21]. Com este pressuposto, a matriz tem o aspeto da equação 3.13. Esta matriz é utilizada no modelo construído para esta tese e para os cálculos seguintes.

$$
\begin{bmatrix} v_\alpha \\ v_\beta \end{bmatrix} = \frac{2}{3} \cdot \begin{bmatrix} 1 & -\frac{1}{2} & -\frac{1}{2} \\ 0 & \frac{\sqrt{3}}{2} & -\frac{\sqrt{3}}{2} \end{bmatrix} \cdot \begin{bmatrix} v_a \\ v_b \\ v_c \end{bmatrix} \tag{3.13}
$$

A matriz para a transformação Inversa de Clark é dada na equação 3.14.

$$
\begin{bmatrix} v_a \\ v_b \\ v_c \end{bmatrix} = \begin{bmatrix} 1 & 0 \\ -\frac{1}{2} & \frac{\sqrt{3}}{2} \\ -\frac{1}{2} & -\frac{\sqrt{3}}{2} \end{bmatrix} \cdot \begin{bmatrix} v_\alpha \\ v_\beta \end{bmatrix} \tag{3.14}
$$

Transformação do parque

A transformação de Park converte o referencial α-β estacionário num referencial d-q em rotação síncrona. O referencial d-q está a rodar à velocidade ω em relação ao referencial α-β estacionário. A posição do eixo d é, em qualquer instante, dada pela equação 3.15 em relação ao *eixo a*. A transformação inversa de Park converterá o sistema de coordenadas d-q rotativo no sistema de coordenadas α-β estacionário. Os três sistemas de coordenadas estão representados na figura 3.8.

$$\theta = \omega \cdot t \qquad (3.15)$$

A matriz que mostra a transformação de Park é dada na equação 3.16 e a Inversa-Park na equação 3.17.

$$\begin{bmatrix} v_d \\ v_q \end{bmatrix} = \begin{bmatrix} \cos\theta & \sin\theta \\ -\sin\theta & \cos\theta \end{bmatrix} \cdot \begin{bmatrix} v_\alpha \\ v_\beta \end{bmatrix} \qquad (3.16)$$

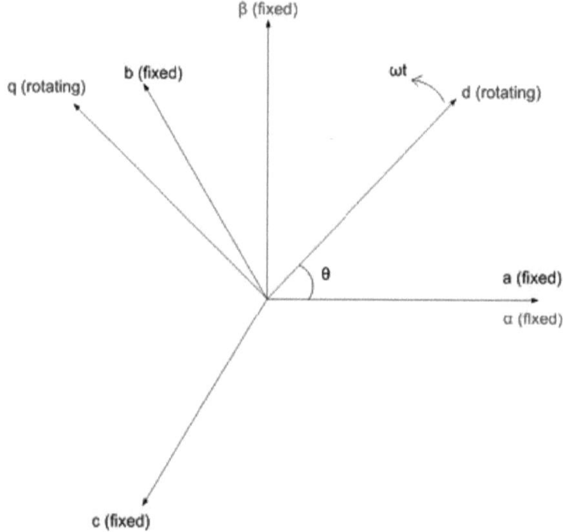

Figura 3.8: O sistema de coordenadas estacionário trifásico (preto), o sistema de coordenadas estacionário α-β (vermelho) e o sistema de coordenadas d-q rotativo (azul). θ é o ângulo entre o eixo a e o eixo d em qualquer instante. ω é a velocidade angular do eixo d em relação ao eixo a.

$$\begin{bmatrix} v_\alpha \\ v_\beta \end{bmatrix} = \begin{bmatrix} \cos\theta & -\sin\theta \\ \sin\theta & \cos\theta \end{bmatrix} \cdot \begin{bmatrix} v_d \\ v_q \end{bmatrix} \qquad (3.17)$$

As variáveis nas transformações de Clark e de Park são dadas como tensões, mas as mesmas matrizes são utilizadas nas transformações de corrente.

3.7.2 Loop bloqueado por fase

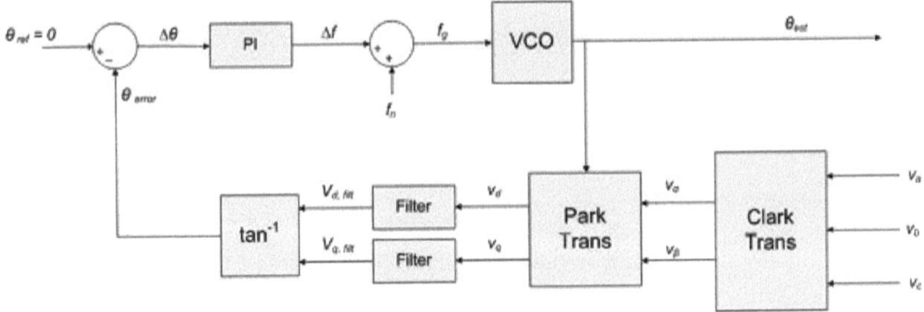

Figura 3.9: Estrutura do PLL

Um Phase Locked Loop (PLL) é basicamente um sistema de controlo de frequência em malha fechada. A sua função é controlar o ângulo θ visto na figura 3.8.

Ao transformar a tensão de fase medida num quadro de referência dq rotativo, o PLL detecta a fase da tensão da rede referida ao vetor espacial da tensão da rede. Um filtro suaviza os componentes d- e q- da tensão para atenuar o ruído. Uma função arco-tan calcula a fase da tensão nos quatro quadrantes.

O ângulo de referência O_{ref} é preferencialmente fixado em zero e o desvio em relação a este valor é introduzido num regulador PI. A saída do regulador PI é o desvio da frequência de base. Ao adicionar a frequência de base, obtém-se a frequência real da rede. A frequência da rede alimenta um oscilador controlado por tensão (VCO) que, neste caso, é um integrador que produz uma forma de onda triangular entre 0 e 2π com um período correspondente à frequência da rede.

Este ângulo de saída é utilizado como entrada para a transformação dq, fechando o ciclo. É também utilizado na transformação inversa de parque e na transformação de parque das correntes de fase medidas.

O PLL está bloqueado enquanto a estimativa do ângulo de saída estiver correta. Assim, a entrada do regulador PI é constante e este produz um valor constante correspondente à frequência real da grelha. Se o ângulo diferir do ângulo da grelha (causado, por exemplo, por falhas), a frequência é ajustada pelo regulador PI e a estimativa do ângulo da grelha é alterada até que o circuito esteja novamente bloqueado[21].

A comparação entre a tensão de saída *do* PLL e a tensão de fase de entrada é apresentada no capítulo 4.

3.7.3 Controlo da tensão do elo CC

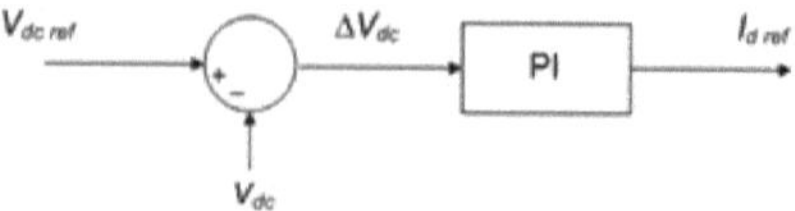

Figura 3.10: Bloco de controlo do elo CC

O controlo da tensão do elo CC é responsável por manter a tensão CC constante num valor especificado. Neste caso, é desejável mantê-la no valor indicado na equação 3.4. Este valor de referência é comparado com o valor medido e a diferença passa por um regulador PI. A saída é utilizada como valor de referência para Id no controlo de corrente. Este controlo é visualizado na figura 3.10.

3.7.4 Controlo da corrente

A tensão de referência para o PLL é v_{AC} na figura 3.3 e a referência de corrente para o sistema de controlo é $I_{abcconv}$ na mesma figura. Assim, V_{AC} pode ser derivado como: onde V_{AC} é a tensão no filtro capacitivo, V_{ACconv} e $I_{abcconv}$ são a tensão e a corrente no conversor, R_f é a resistência e L_f é a indutância do filtro. Transformando a equação 3.18 no referencial dq, obtém-se esta equação:

$$V_{AC} = V_{ACconv} - R_f I_{abcconv} - L_f \frac{dI_{abcconv}}{dt} \tag{3.18}$$

$$\begin{bmatrix} v_d \\ v_q \end{bmatrix} = \begin{bmatrix} v_{dconv} \\ v_{qconv} \end{bmatrix} - R_f \begin{bmatrix} i_d \\ i_q \end{bmatrix} - L_f \frac{d}{dt} \begin{bmatrix} i_d \\ i_q \end{bmatrix} - L_f \begin{bmatrix} 0 & -\omega \\ \omega & 0 \end{bmatrix} \begin{bmatrix} i_d \\ i_q \end{bmatrix} \tag{3.19}$$

A partir da equação 3.19, é possível derivar equações para cada um dos controladores de corrente:

$$v_{dconv} = v_d + R_f i_d + L_f \frac{di_d}{dt} - \omega L_f i_q \tag{3.20}$$

$$v_{qconv} = v_q + R_f i_q + L_f \frac{di_q}{dt} + \omega L_f i_d \tag{3.21}$$

Estas equações são encontradas para controlar a corrente que flui através do CPL e definir a tensão necessária para obter uma tensão CC constante. O controlador de corrente do eixo q é utilizado para controlar a potência reactiva, enquanto o controlador de corrente do eixo d controla a quantidade de potência ativa. Os controladores de corrente estão representados na figura 3.11. ω é a frequência da rede e a velocidade a que a estrutura de referência dq roda em relação ao eixo a estacionário. Nesta tese, o vetor de tensão do eixo d está alinhado com o vetor de tensão da rede e, consequentemente, o vetor de tensão do eixo q é 0.

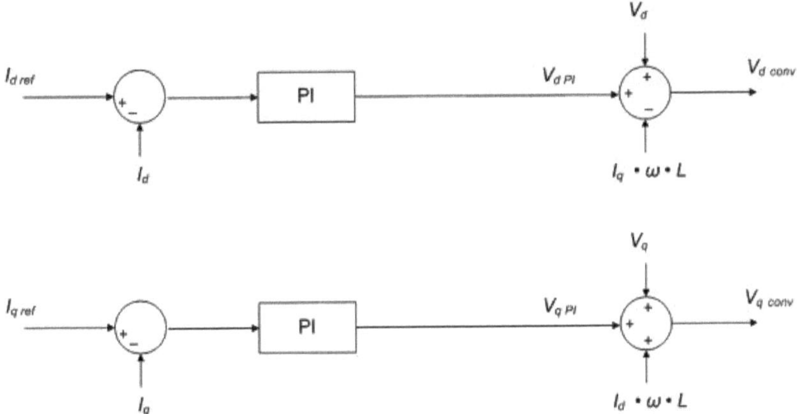

Figura 3.11: Controladores de corrente do eixo d e do eixo q, respetivamente.

Todos os valores são valores unitários referidos aos eixos d- e q-. O controlador de corrente do eixo q da figura 3.11 é para o caso de controlo de corrente reactiva. Para o caso de não haver controlo de reatividade, v_q e ω - L_f - i_d são anulados e i_{qref} é fixado em 0.

3.7.5 PWM

O inversor trifásico modulado por largura de impulso (PWM) forma e controla a tensão de saída trifásica em magnitude e frequência com a tensão de entrada constante V_{dc}. Uma forma de onda de tensão triangular é comparada com a tensão de referência trifásica estimada a partir da transformação inversa de Clark. Estas tensões estão 120 graus fora de fase e são responsáveis pela comutação do IGBT.

A figura 3.12 mostra a tensão triangular e a tensão de cada fase de controlo. v_d na figura demonstra a tensão CC de entrada. Quando v_{AN} é igual a V_d , um IGBT numa perna do inversor está ligado e conduz a corrente. Quando este IGBT se desliga e v_{AN} é zero, o outro IGBT é ligado. Assim, haverá sempre um interrutor em cada perna a conduzir corrente.

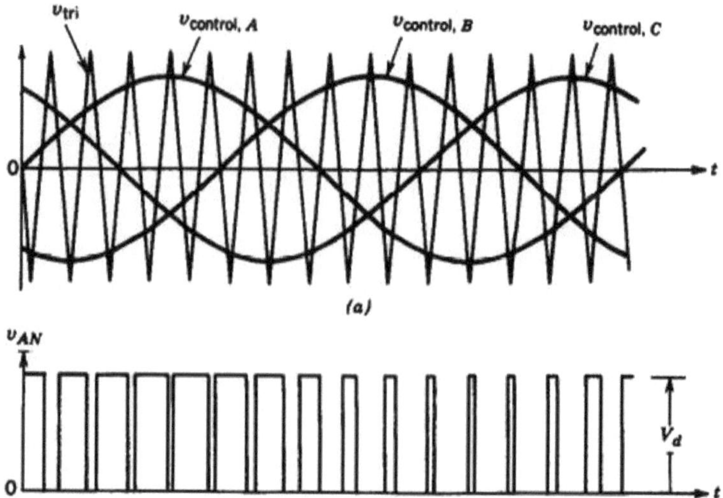

Figura 3.12: Forma de onda PWM trifásica. Representa um sinal de tensão triangular, três tensões de fase de controlo e uma tensão de fase de saída (referida ao inversor) v_{AN} [1].

A sobremodulação é a área acima da modulação linear na figura 3.13. O que acontece é que o pico da tensão de controlo pode exceder o pico da forma de onda triangular. Como consequência, os interruptores estarão ligados ou desligados no período em que a tensão de referência estiver acima ou abaixo do sinal de tensão triangular. Isto provoca grandes instabilidades no controlo do conversor e

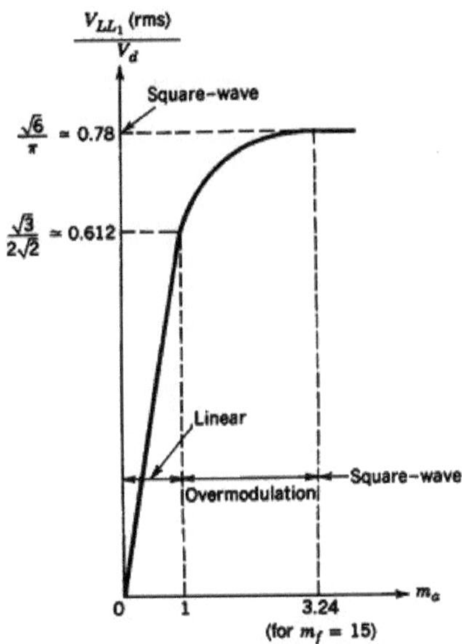

Figura 3.13: Gamas lineares e de sobremodulação para um inversor trifásico[1].

o sistema de corrente alternada. m_a na figura 3.13 é o rácio de modulação de amplitude. Na equação 3.4, ma é definido como 1 e mantido dentro da região linear ($ma < 1$).

3.8 Medição

Produção distribuída

As medições do binário mecânico e elétrico, da velocidade de saída e da potência interna real e reactiva da máquina são obtidas a partir das "variáveis internas de saída" da máquina de indução implementada no modelo. As tensões e correntes de fase e as potências real e reactiva do sistema de distribuição são medidas nas linhas entre a bateria de condensadores e o transformador.

CPL

As potências real e reactiva são medidas em L_f na figura 3.3 e no ponto de acoplamento comum para ver quanta potência flui através da carga e quanta potência reactiva é gerada pelo filtro capacitivo e pela injeção de corrente reactiva. A corrente é medida na frente do conversor antes de ser filtrada e a tensão é medida no terminal do filtro capacitivo. Estas tensões e correntes são utilizadas como entrada para o controlo do conversor. Outra entrada para o controlo do conversor é a tensão do elo CC medida entre o condensador e a carga.

Grelha

A medição da potência é efectuada em L_g para medir a quantidade de potência que é transportada para a rede ou fornecida pela rede.

Resultados

As tensões e correntes são medidas à saída das duas transformações de parque.

Capítulo 4

Simulações com uma carga de potência constante

4.1 Descrição do sistema

O modelo de simulação é construído no software de simulação PSCAD/EMTDC. É feito com base nas simulações que os alunos de mestrado Moltoni e Fascendini efectuaram no MATLAB SIMULINK[10]. Foram feitos alguns ajustes para tornar o modelo mais suave. Isto inclui a redução da linha entre a carga e a rede. Este capítulo explica o sistema desde o gerador até à rede, incluindo o sistema de controlo do conversor, através de simulação. Os blocos de simulação são apresentados no apêndice B.

No primeiro caso, o sistema funciona sem quaisquer falhas ou outras interferências, atingindo o estado estacionário. O objetivo é explorar o sistema desde a produção até à rede.

4.1.1 Funcionamento da produção distribuída

A máquina de indução em gaiola de esquilo pode ser operada nos modos de controlo de velocidade ou de controlo de binário. Para arrancar a máquina, esta funciona a 1,005 p.u. em relação à velocidade nominal. Após o desaparecimento dos transientes iniciais da máquina, em cerca de 1 segundo, a máquina é comutada para o controlo de binário com um valor especificado de -1 p.u. O sinal menos indica que a máquina funciona como um gerador. Como se pode ver na figura 4.2, o binário mecânico tem um degrau instantâneo enquanto o binário elétrico atinge um valor estável de -0,992 p.u. após uma resposta ao degrau que dura 1,5 segundos. No mesmo período de tempo, a velocidade do rotor aumenta de 1,005 para 1,0085 p.u.

As potências internas do gerador estão representadas na figura 4.3. A direção da potência é referida à máquina, pelo que a potência real é negativa (produzir potência) e a potência reactiva é positiva (absorver potência). As potências são dadas em valores unitários dos parâmetros nominais da máquina indicados na tabela 3.1. O valor da potência real em estado estacionário é medido em 0,98 p.u., o que dá um valor de 735 kW produzidos. A potência reactiva absorvida pelo gerador durante o estado estacionário é de 0,49 p.u. correspondendo a 369 kVar. O gerador absorve cerca de 107,5 kVar do filtro conversor capacitivo.

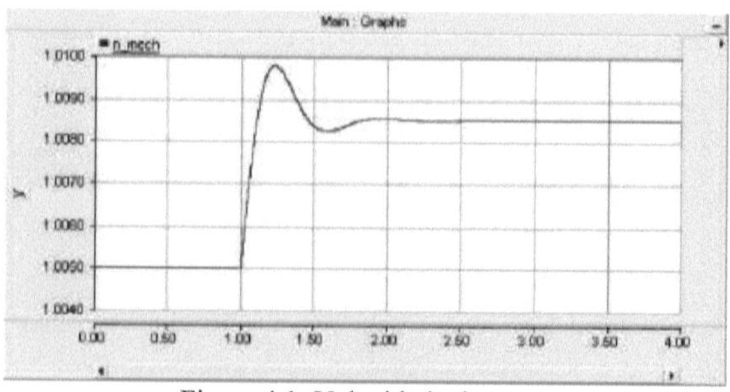

Figura 4.1: Velocidade do rotor

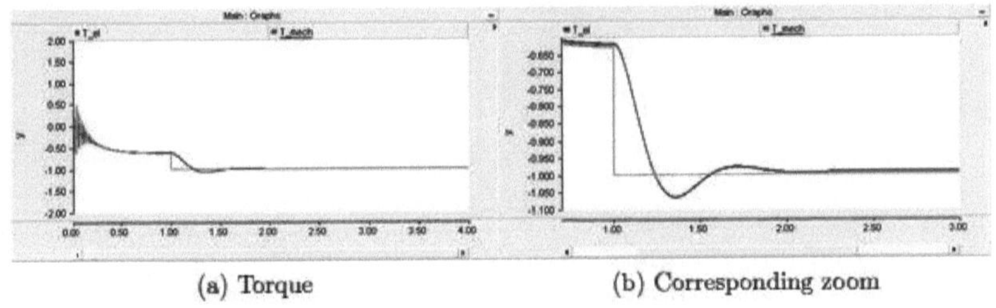

(a) Torque   (b) Corresponding zoom

Figura 4.2: Binário eletromagnético (azul) e binário mecânico (verde)

4.1.2 Tensões

Após um transiente inicial, a tensão nos terminais de geração atinge o valor de base, ou seja, 1 por unidade. Esta tensão é alcançada através da regulação do capacitor fixo. Como é possível observar na figura 4.4b e na figura 4.5b a tensão na geração e na carga tem uma tendência sinusoidal. A tensão de carga é medida no PCC entre o transformador de carga e a rede.

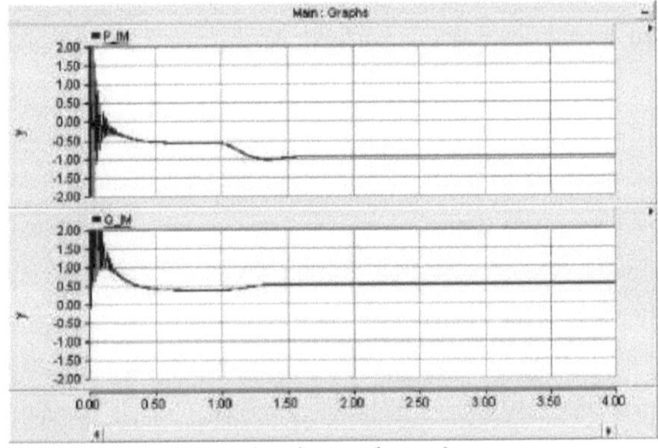

Figura 4.3: Potência interna real e reactiva do gerador assíncrono.

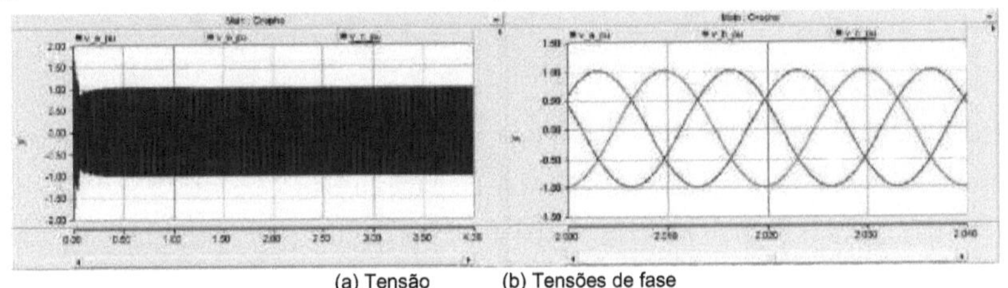

(a) Tensão   (b) Tensões de fase

Figura 4.4: Tensão de geração

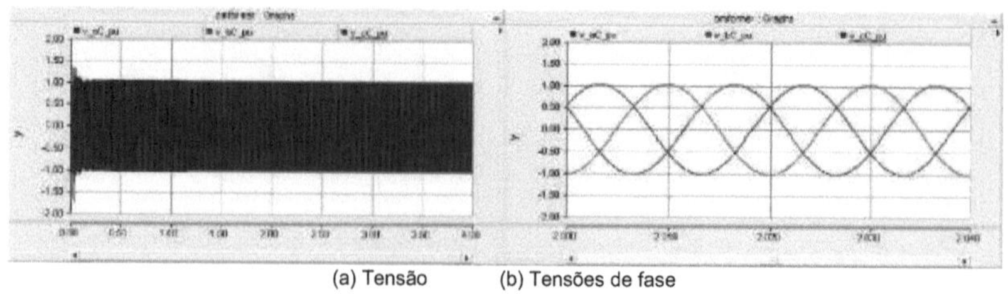
(a) Tensão   (b) Tensões de fase

Figura 4.5: Tensão de carga

4.1.3 Introdução da carga de potência constante

Agora o foco é colocado no efeito da carga neste sistema. Após dois segundos, a carga é ajustada para consumir 220 kW, o que representa cerca de 30 % da potência real gerada. O fluxo de energia no sistema é apresentado na figura 4.6. A potência do sistema de distribuição, denominada P_{gen} e Q_{gen} , não é afetada, enquanto cerca de 30 % da potência ativa da rede é absorvida pela carga. As direcções de medição da potência são, respetivamente, do gerador para a carga, da carga para o PCC e do PCC para a rede. A quantidade de potência reactiva permanece relativamente constante.

Depois de verificar o efeito da carga na potência do sistema, o passo seguinte é analisar a própria carga.

DC-link

A tensão do elo CC mostrada na figura 4.7 tem um transiente com duração de 80 ms com um pico de 1,16 p.u. antes de estabilizar em 1 p.u. Note-se que a tensão tem uma pequena queda quando a carga é ligada. Manter esta tensão estável no valor especificado é importante no que diz respeito ao sistema de controlo e à carga.

A corrente PWM é o gráfico azul na figura 4.8 e o gráfico verde é a corrente de carga. O condensador em paralelo com a carga funciona como um filtro de corrente para a carga e absorve os transientes de corrente.

4.1.4 O sistema de controlo

PLL

A tensão medida no filtro capacitivo passa pela transformação de Clark e Park e é utilizada como entrada para o PLL. A tensão resultante do eixo d e do eixo q é mostrada na figura 4.9. Note-se que a tensão do eixo q é zero porque a componente do eixo d está alinhada com o vetor de tensão da rede. O PLL mede então a frequência da tensão trifásica e calcula o ângulo θ . Comparando a tensão de fase com θ na figura 4.9, pode concluir-se que têm o mesmo período de tempo.

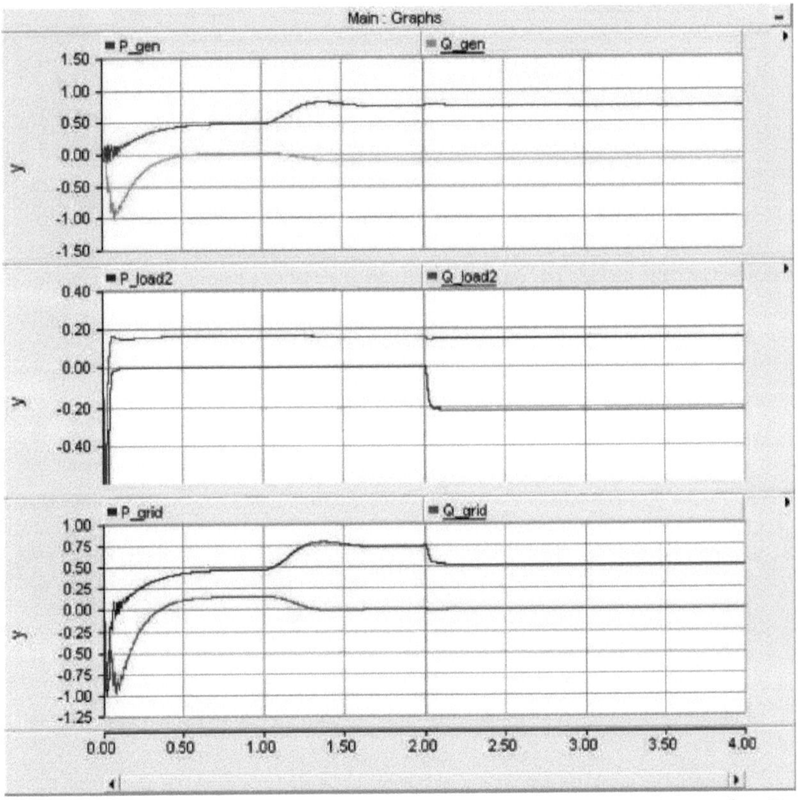

Figura 4.6: Potência real e ativa em todo o sistema com a carga a ligar após 2 segundos. P_{gen} e Q_{gen} são a potência da geração distribuída, P_{load2} e Q_{load2} são a potência da carga no PCC, e P_{grid} e Q_{grid} são a potência que flui para a rede. A potência reactiva da carga é gerada no filtro capacitivo do conversor.

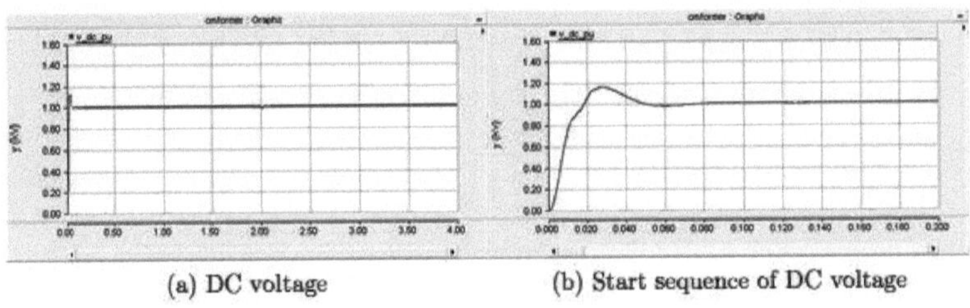

(a) DC voltage

(b) Start sequence of DC voltage

Figura 4.7: Tensão do elo CC

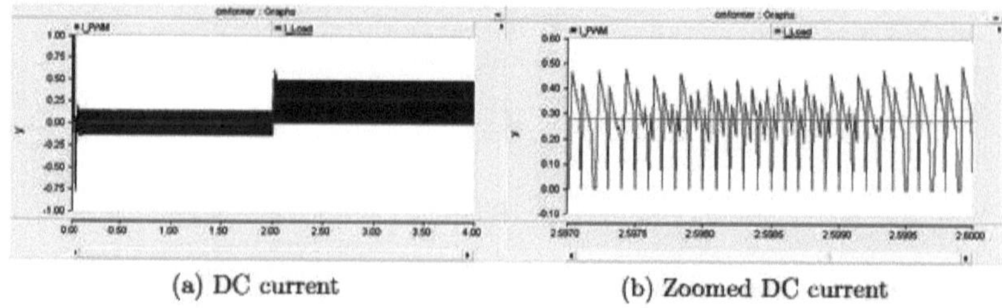

(a) DC current   (b) Zoomed DC current

Figura 4.8: Corrente no lado DC do conversor. I_{PWM} é a corrente não filtrada proveniente do conversor e I_{Load} é a corrente de carga calculada a partir da potência real de saída dividida pela tensão CC medida.

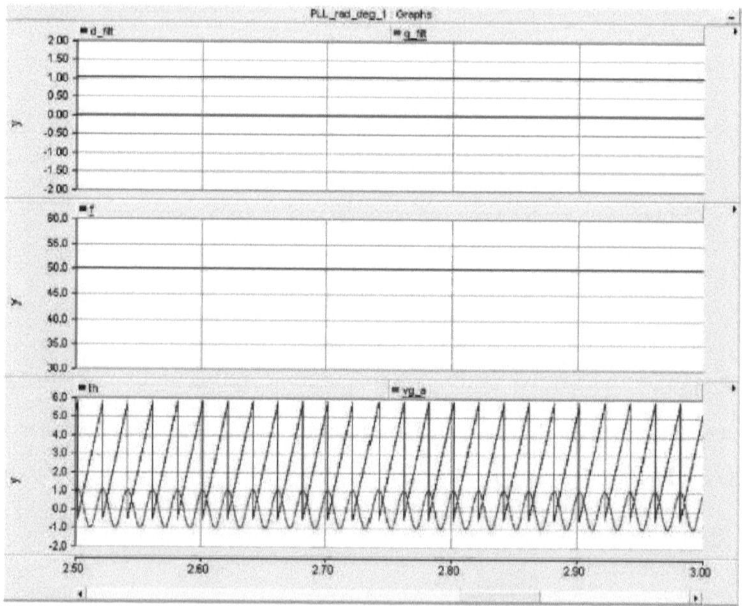

Figura 4.9: d_{filt} e q_{filt} são tensões no quadro de referência de dois eixos rotativos. f é a frequência da rede medida. θ é o ângulo resultante utilizado na transformação de parque e parque inverso.

Controlo atual

A corrente medida é submetida à transformação de Clark e Park, tal como para a tensão. Após a transformação em vectores de corrente rotativa, estas correntes são subtraídas dos valores de referência no bloco de controlo da corrente. As correntes são apresentadas na figura 4.10. A partir da figura, pode concluir-se que é apenas a componente d- da corrente que é afetada pela carga. A componente q é mantida a zero e não é injectada qualquer corrente reactiva.

36

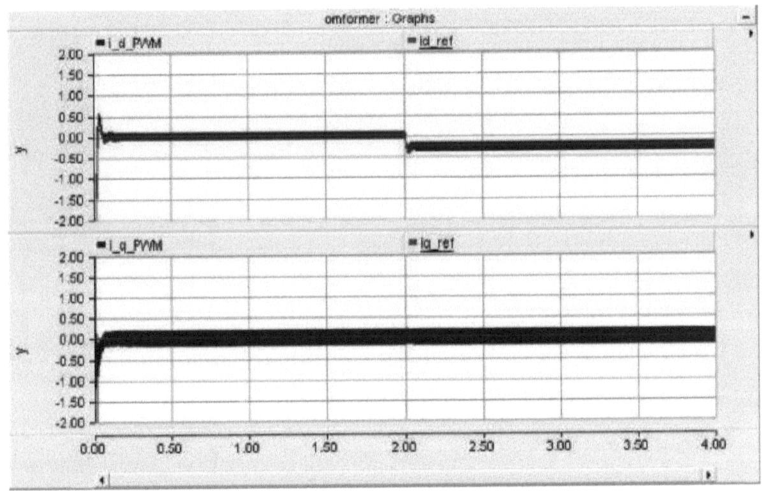

Figura 4.10: i_{dPWM} e i_{qPWM} são as correntes medidas em relação ao referencial rotativo de dois eixos. $idref$ e $iqref$ são as correntes de referência do controlo da tensão do elo CC e da corrente reactiva controlada manualmente.

A tensão resultante dos controladores de corrente é então transformada de novo em tensões de controlo trifásicas para o PWM através das transformações inversas de Park e de Clark. Esta sequência é apresentada na figura 4.11. As tensões de controlo trifásicas são injectadas com um sinal de terceira harmónica para evitar a sobremodulação no PWM.

PWM

A modulação por largura de impulso é o último passo do controlo do conversor. A Figura 4.12 mostra o sinal de tensão triangular e uma tensão de fase de controlo. O gráfico

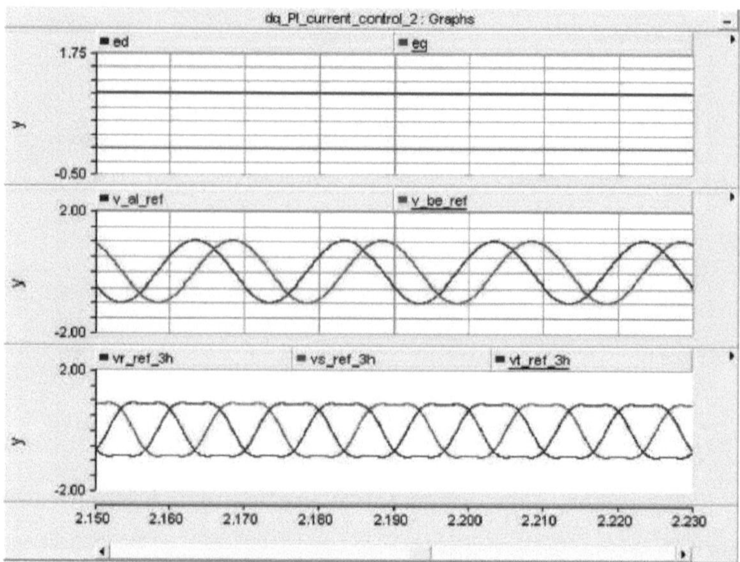

Figura 4.11: Esta figura mostra a transformação inversa de Park e de Clark inversa da tensão de controlo da corrente de saída para a tensão de controlo PWM. *ed* e *eq* referem-se a tensões dq-, v_{alref} e v_{beref} referem-se a tensões $\alpha\beta$- e v_{rref3h}, v_{sref3h} e v_{rref3h} referem-se a tensões abc-. abaixo mostra como um IGBT é ligado e desligado quando a tensão de controlo está acima ou abaixo do sinal de tensão triangular.

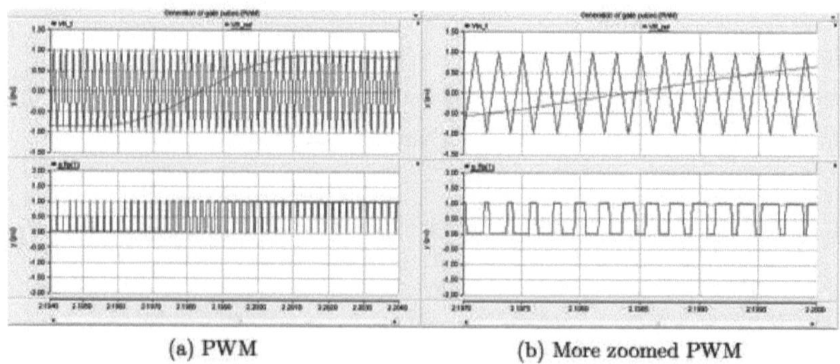

(a) PWM   (b) More zoomed PWM

Figura 4.12: Esquema de comutação PWM com uma tensão de controlo e a comutação de um IGBT.

Como verificação da teoria explicada em relação à sobremodulação, a tensão do elo CC é reduzida para 0,85 p.u. e o conceito de sobremodulação torna-se visual. O pico da tensão de controlo aumenta para além do sinal de tensão triangular e o controlo do conversor não funciona corretamente. Interruptores abertos ou fechados durante longos períodos de tempo resultam em instabilidade em todo o conversor devido à perda de controlo da corrente e da

38

tensão. O caso de sobremodulação é mostrado na figura 4.13.

4.2 Simulações para verificar a carga de potência constante

Uma vez que uma das tarefas deste trabalho é fazer um modelo de simulação com uma carga de potência constante, é desejável verificar se a carga se comporta como uma CPL. A obtenção da curva de resistência negativa da figura 2.5 satisfaz o objetivo. Isto pode ser conseguido através da implementação de uma falta resistiva trifásica na rede entre a ligação da carga e L_g. As resistências de defeito são reguladas para obter quedas de tensão no sistema. A falta resistiva é projectada como na figura 4.14. Nestas simulações, é utilizado o esquema de controlo da figura 3.6.

A medição da componente d da tensão (lembre-se que a componente q é zero) e a componente d da corrente são efectuadas para cada queda de tensão. Estes valores são retirados do sistema de controlo. Tensão bifásica rotativa de saída

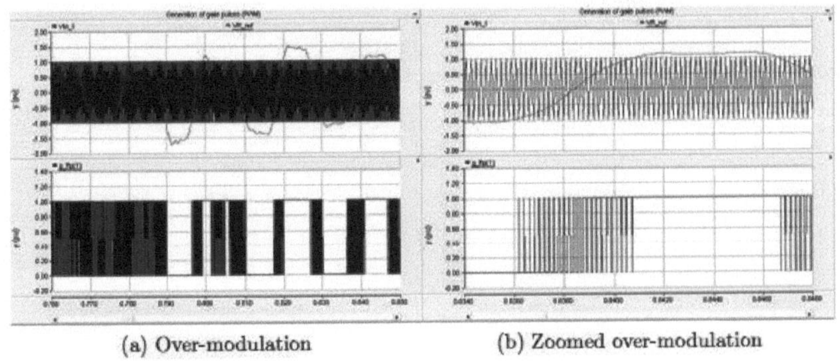

(a) Over-modulation   (b) Zoomed over-modulation

Figura 4.13: O PWM entra em modo de sobre-modulação como consequência da diminuição da tensão do elo CC. O IGBT só comuta quando a tensão de controlo está dentro do sinal de tensão triangular.

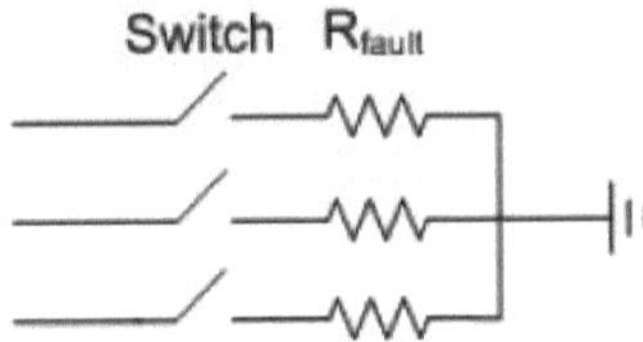

Figura 4.14: O defeito trifásico à terra colocado ao lado da carga na rede.

do PLL e a corrente de entrada para os controladores de corrente são utilizados nesta experiência.

Nestas simulações, a carga continua a consumir 220 kW, mas agora está ativa desde o início da simulação. O defeito está definido para se ligar 2 segundos após o início da simulação e durar 0,5 segundos.

O objetivo é encontrar resistências de defeito que resultem numa queda de tensão de 0,1 p.u. entre cada medição. O valor de estado estacionário para a tensão é de 1,019 p.u. e 0,272 para a corrente. Após algumas tentativas e erros, foram encontrados 64 Ω para obter uma tensão de 0,9 p.u. Com esta tensão, a corrente é de 0,307 p.u. Isto pode ser visto na figura 4.15 e na figura 4.16.

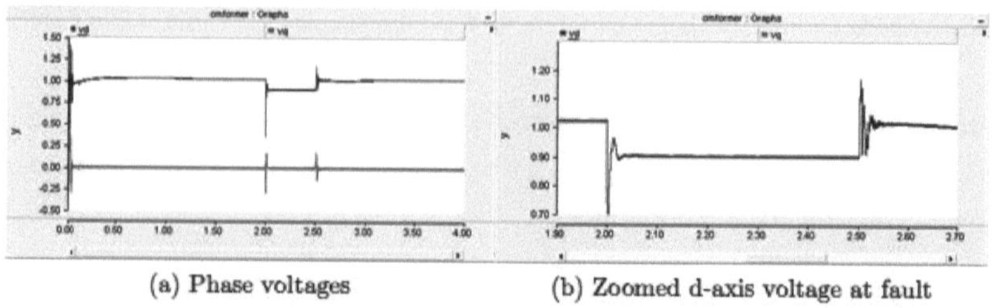

(a) Phase voltages   (b) Zoomed d-axis voltage at fault

Figura 4.15: Tensões com um defeito que surge aos 2 segundos e dura 0,5 segundos. A tensão do eixo d cai para 0,9 p.u. enquanto a componente do eixo q permanece em zero durante o defeito.

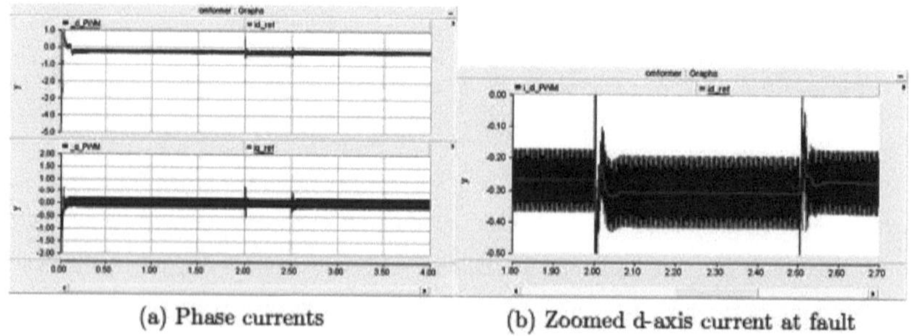

(a) Phase currents   (b) Zoomed d-axis current at fault

Figura 4.16: Correntes com um defeito que surge aos 2 segundos e dura 0,5 segundos. A corrente do eixo d aumenta de 0,272 p.u. para 0,307 p.u. enquanto a componente do eixo q permanece nula durante o defeito.

As potências real e reactiva, medidas sobre o filtro indutivo do conversor L_f , estão representadas na figura 4.17. A carga consome uma potência real constante e a potência reactiva é zero durante a falha. Neste caso, a direção da medição da potência é definida da rede para a carga.

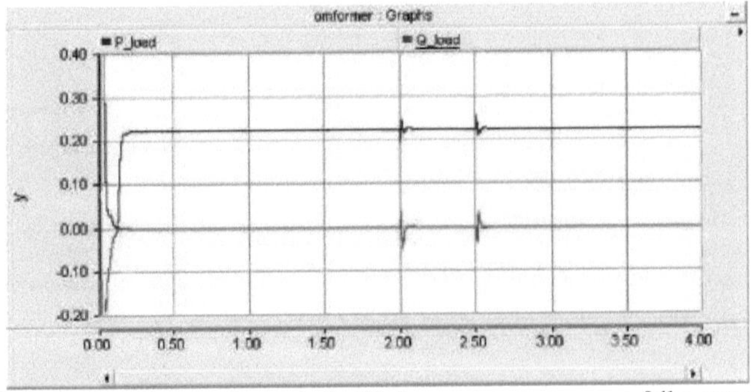

Figura 4.17: Potência real e reactiva no lado CA do conversor com uma falha que surge aos 2 segundos e dura 0,5 segundos.

Os resultados destas simulações são resumidos no capítulo dos resultados.

4.3 Injeção de corrente reactiva

Agora, o foco é mudado para o efeito da compensação de corrente reactiva na tensão CA. O objetivo é injetar corrente reactiva da carga para a rede para aumentar a tensão e, consequentemente, tornar o sistema menos vulnerável a instabilidades. Nestas simulações, a corrente reactiva é injectada ao longo de toda a simulação. Como consequência, a tensão é aumentada também quando não há faltas ou outras instabilidades. Para efeitos de comparação, são utilizados nestas simulações os mesmos valores de resistência de defeito que para o caso com verificação do CPL. O esquema de controlo da figura 3.5 é utilizado nestas simulações.

A resistência é agora definida para 42,1 Ω, o que dá uma tensão de 0,8 quando não há injeção de corrente reactiva. Neste caso, é injetada uma corrente reactiva de 0,2 p.u. a partir da carga. O resultado é a tensão apresentada na figura 4.18. A primeira coisa a notar é que a tensão em estado estacionário aumenta de 1,019 para 1,054. Em segundo lugar, a tensão durante a falha é aumentada de 0,8 para 0,83 p.u.

A partir da comparação da componente de corrente do eixo d na figura 4.19, pode ver-se que a corrente diminui de 0,272 para 0,263 em estado estacionário e 0,347

para 0,335 no caso de uma queda de tensão de cerca de 0,2 p.u. As componentes da corrente do eixo q nos dois casos são mostradas na figura 4.20

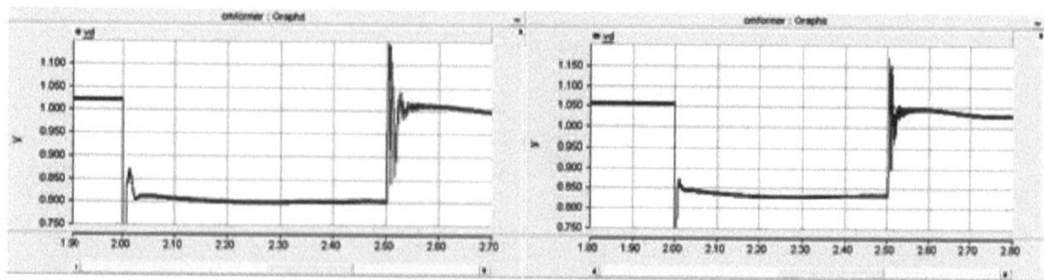

(a) Voltage without reactive current injection   (b) Voltage with reactive current injection

Figura 4.18: Comparação da tensão com e sem injeção de corrente reactiva

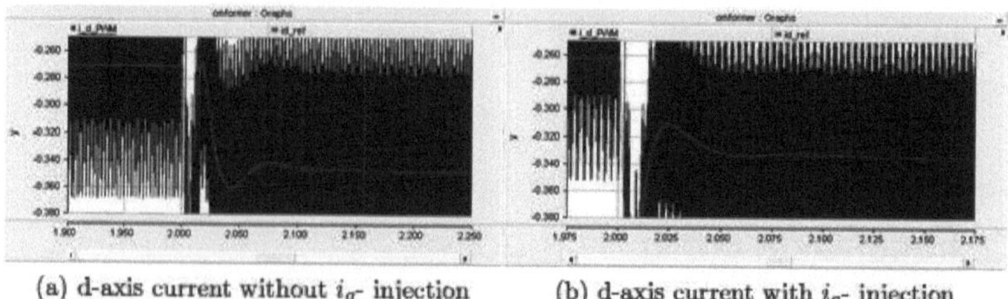

(a) d-axis current without i_q- injection   (b) d-axis current with i_q- injection

Figura 4.19: Comparação da corrente do eixo d com e sem injeção de corrente reactiva

A potência real consumida pela carga permanece constante no nível imposto manualmente, enquanto a potência reactiva resulta da componente de tensão do eixo d e da quantidade de corrente reactiva injectada. A relação de potência é dada pelas equações 4.1 e 4.2.

$$P = \frac{3}{2} \cdot (V_d \cdot I_d + V_q \cdot I_q) = CONST \qquad (4.1)$$

$$Q = \frac{3}{2} \cdot (V_d \cdot I_q + V_q \cdot I_d) \qquad (4.2)$$

Como explicado anteriormente, V_q é zero porque o eixo d está alinhado com o vetor de tensão da rede. Isto simplifica estas expressões para:

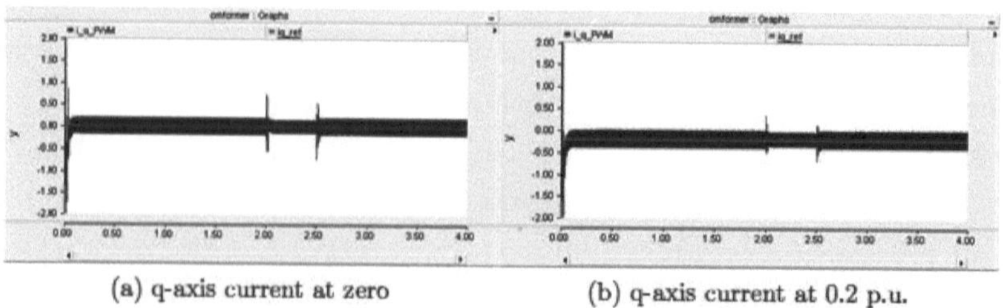

(a) q-axis current at zero   (b) q-axis current at 0.2 p.u.

Figura 4.20: Corrente do eixo q nos dois casos

$$P = \frac{3}{2} \cdot (V_d \cdot I_d) = CONST \qquad\qquad (4.3)$$

$$Q = \frac{3}{2} \cdot (V_d \cdot I_q) \qquad\qquad (4.4)$$

Na figura 4.17 não existe I_q , pelo que não existe potência reactiva do conversor. Com a injeção de corrente reactiva de 0,2 p.u., a relação de potência passa a ser a da figura 4.21. A potência reactiva tem uma queda de potência durante a falha porque é proporcional a V_d como se vê na equação 4.4, enquanto a potência ativa se mantém constante. É justo dizer que a carga se comporta como um CPL. O valor negativo da potência reactiva na figura 4.21 indica que a potência reactiva é gerada pela carga, em contraste com a potência ativa que flui para a carga.

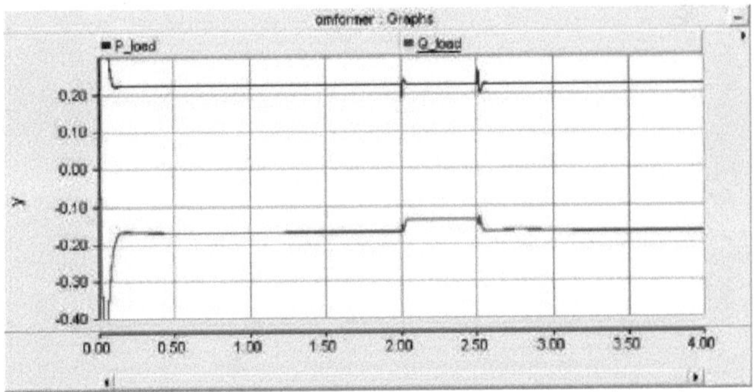

Figura 4.21: Potência real e reactiva no lado CA do conversor com injeção de corrente reactiva de 0,2 p.u.

Os resultados destas simulações e das simulações efectuadas com $I_q = 0{,}4$ p.u. são resumidos no capítulo dos resultados.

Resultados da simulação

5.1 Verificação da curva de resistência negativa

Como o objetivo desta tese é fazer um modelo de simulação com um CPL, é desejável verificar se o CPL tem um comportamento de resistência negativa e se funciona de facto como um CPL. Para tal, mede-se a componente d- da tensão e da corrente no lado CA do conversor em diferentes situações de defeito. A diminuição da resistência de defeito faz com que a tensão na carga diminua enquanto a corrente aumenta. A curva da figura 5.1 demonstra o comportamento do CPL.

Curva de resistência negativa para carga de potência constante

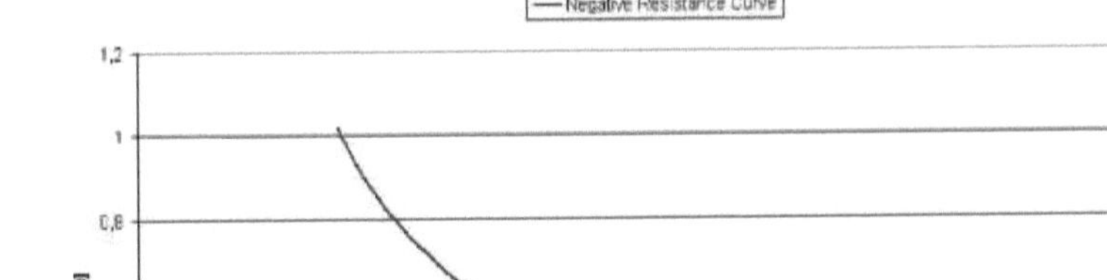

Figura 5.1: Comportamento da resistência negativa do CPL em estudo

A Tabela 5.1 apresenta os valores das resistências de defeito utilizadas nas simulações e as tensões e correntes medidas.

Resultados da simulação		
Resistência [*ohm*]	Vd [*pu*]	Id [*pu*]
estado estacionário	1.019	0.272
64	0.9	0.307
42.1	0.8	0.347
31.1	0.7	0.399
24.2	0.6	0.465
18.8	0.5	0.565
14.7	0.4	0.712
11.4	0.3	0.979
10.5	0.25	1.2

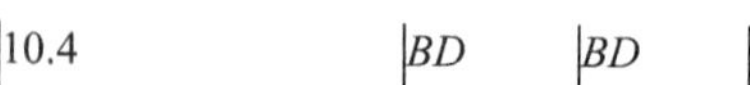

<table>
<tr><td>10.4</td><td>BD</td><td>BD</td></tr>
</table>

Tabela 5.1: Tensão e corrente com diferentes resistências de defeito. Com uma resistência de defeito de 10,4 Ω, a tensão CC entra em colapso e o conversor avaria. Note-se que os valores de resistência não estão relacionados com a resistência negativa de entrada derivada na equação 2.2.

5.2 Curva de resistência negativa com compensação de corrente reactiva

Para investigar o efeito da compensação de corrente reactiva, são feitas simulações com injeção de corrente de $i_q = 0,2$ [pu] e $i_q = 0,4$ [pu]. Os resultados são apresentados na tabela 5.2 e visualizados na figura 5.2.

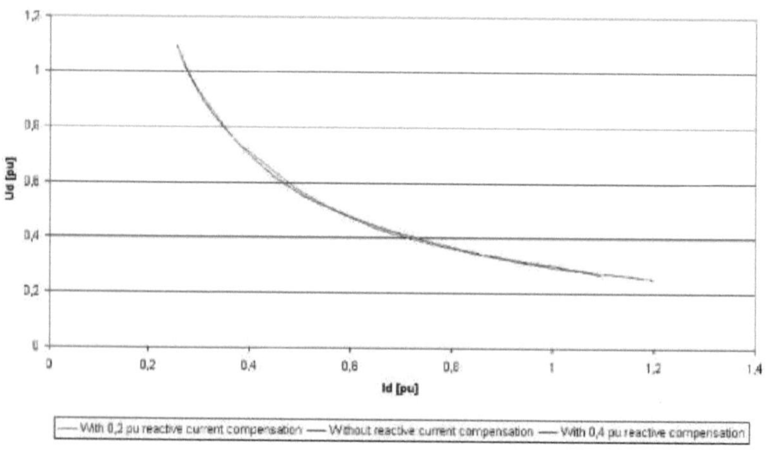

Figura 5.2: Comportamento da resistência negativa do CPL em estudo com (curva vermelha e verde) e sem injeção de corrente reactiva (curva azul).

Resultados da simulação					
	$i_q = 0$		$i_q = 0,2$		$i_q = 0,4$
Resistência [ohm]	Vd [pu]	Id[pu]	Vd [pu]	Id[pu]	Vd [pu]	Id [pu]
estado estacionário	1.019	0.272	1.054	0.263	1.09	0.257
64	0.9	0.307	0.933	0.298	0.965	0.29
42.1	0.8	0.347	0.83	0.335	0.86	0.326
31.1	0.7	0.399	0.726	0.384	0.754	0.372

24.2	0.6	0.465	0.629	0.446	0.665	0.43
18.8	0.5	0.565	0.526	0.536	0.552	0.514
14.7	0.4	0.712	0.428	0.666	0.453	0.632
11.4	0.3	0.979	0.328	0.888	0.356	0.82
10.5	0.25	1.2	0.295	1.01	0.324	0.912
10.4	*BD*	*BD*	0.291	1.02	0.320	0.924
9.8			0.250	1.20	0.296	1.01
9.7			*BD*	*BD*	0.292	1.02
9.3					0.263	1.1
9.2					*BD*	*BD*

Tabela 5.2: Tensão e corrente com diferentes resistências de defeito. *BD* significa avaria do conversor.

Capítulo 6

Discussão

Os resultados apresentados são medidos no lado CA do conversor antes da linha entre a carga e a rede. Assim, o efeito da carga na rede não é investigado em todo o seu potencial. As medições deveriam ter sido efectuadas no ponto em que a carga se liga à rede para ver como a carga influencia a tensão do sistema. No entanto, estes resultados dão uma indicação clara do efeito da compensação reactiva.

A injeção de corrente reactiva foi introduzida para apoiar a tensão de carga em caso de contingência. Mas, com este controlo, a corrente é injectada também quando não há contingências. Isto não é desejável porque a corrente reactiva não contribui para a transferência de potência ativa. Assim, implica apenas um aumento das perdas devido ao aumento da corrente total. A corrente total é I_T na figura 6.1. I_d é a corrente ativa e I_q é a corrente reactiva. A relação matemática correspondente é dada pela equação 6.1.

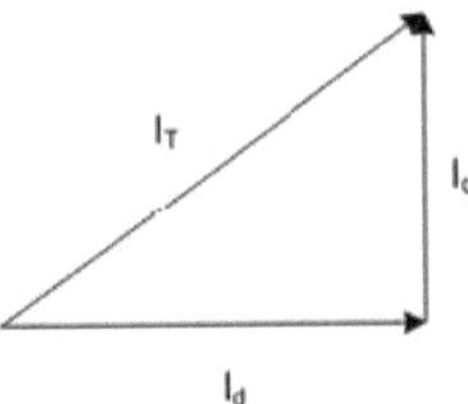

Figura 6.1: Triângulo de corrente mostrando a corrente global I_T , a corrente ativa I_d e a corrente reactiva I_q .

$$I_T = \sqrt{I_d^2 + I_q^2} \qquad (6.1)$$

Outro inconveniente é o facto de isto ser economicamente inconveniente para os utilizadores da carga, porque têm de pagar pela geração de potência reactiva tanto em caso de contingência como durante o funcionamento normal. Um sistema de controlo que apenas gere potência reactiva durante as contingências tornaria a situação mais justificável.

Como a corrente total aumenta com o aumento da injeção de corrente reactiva, também é importante aumentar a classificação dos comutadores. Os comutadores têm de ser classificados de acordo com a corrente total.

Apenas a corrente ativa I_d contribui para o fluxo de potência ativa e a corrente reactiva reduz a capacidade de transporte da corrente ativa. Por outro lado, é positivo no sentido em que suporta a tensão durante as quedas de tensão. Como se pode ver no sistema, pode suportar uma falha maior antes de o conversor se avariar. A tabela 5.2 dá uma melhor explicação do princípio da injeção de corrente reactiva do que a figura 5.2. As alterações na tensão e na corrente de componente d não são suficientemente grandes para se obter uma diferença acentuada entre os gráficos. O valor da tensão em estado estacionário de 1,09 p.u. no caso de injeção de corrente reactiva de 0,4 p.u. está no limite do que é aceitável de acordo com os regulamentos da norma EN 50160. Esta estabelece que são aceitáveis variações lentas de tensão com uma amplitude até ± 10% do valor nominal.

Conclusão

Foi construído um modelo de simulação em PSCAD/EMTDC de um pequeno sistema de distribuição. Foi apresentada uma descrição do sistema através de teoria e simulação. A carga de potência constante neste sistema foi o foco principal. Foram efectuadas simulações com diferentes quedas de tensão para verificar a CPL. Medindo a componente do eixo d da tensão e da corrente para cada queda de tensão, foi possível delinear a curva de resistência negativa resultante.

As simulações com e sem injeção de corrente reactiva foram comparadas no que respeita ao suporte de tensão. Isto mostra que uma injeção de corrente reactiva resulta num aumento da tensão, tanto em condições de estado estacionário como de falhas. Um aumento da corrente reactiva resulta num aumento da tensão e num sistema mais robusto em caso de falhas ou outras instabilidades. Com a injeção de corrente reactiva, é transportada uma potência reactiva da carga para a rede. Esta corrente não contribui para o transporte de potência ativa, mas aumenta as perdas e a potência dos comutadores IGBT.

Há muitas possibilidades de trabalho futuro. Melhorar o sistema de controlo para compensar a potência reactiva apenas quando ocorrem falhas eliminaria alguns dos inconvenientes do sistema de controlo. Uma forma de resolver este problema poderia ser utilizar um controlador de tensão no lado CA do conversor para injetar corrente reactiva durante as quedas de tensão e estabelecer limites para a quantidade de corrente injectada em estado estacionário.

Seria também interessante atualizar o sistema de modo a incluir mais do que um CPL e comparar a compensação reactiva com, por exemplo, um STAT- COM. Poderiam ser efectuados estudos de caso sobre qual a configuração que proporciona o melhor suporte de tensão e estabilidade no sistema. Também seria interessante atualizar o sistema de modo a conter diferentes tipos de cargas, como cargas de corrente constante, cargas de impedância constante e/ou cargas de motores. Investigar, em geral, o modo como o CPL funciona com diferentes tipos de cargas.

É desejável uma investigação mais aprofundada do efeito da estabilidade transitória no que respeita ao limite da estabilidade transitória.

Bibliografia

[1] Ned Mohan, Tore M. Undeland e William P. Robbins. *Power Electronics - Converters, Applications and Design*. Wiley, 2003.

[2] Convenção-Quadro das Nações Unidas sobre as Alterações Climáticas. http://www.unfccc.int/,24.6.2008.

[3] Innovasjon Norge, ENOVA, NVE, e Forskningsradet. Fornybar energi 2007. Documento informativo, 2007.

[4] ECPE Centro Europeu de Eletrónica de Potência , EPE Associação Europeia de Eletrónica de Potência e Accionamentos. Documento de posição sobre eficiência energética - o papel da eletrónica de potência. In *European Workshop on Energy Efficiency-the Role of Power Electronics*, fevereiro de 2007.

[5] Bimal K. Bose. Energia, ambiente e avanços na eletrónica de potência. *Actas do Simpósio Internacional IEEE de Eletrónica Industrial de 2000*, 1:TU1-TU14, dezembro de 2000.

[6] N. Jenkins. Eletrónica de potência aplicada ao sistema de distribuição. *IEE Colloquium Flexible AC Transmission Systems - the FACTS*, páginas 3/1- 3/7, novembro de 1998.

[7] Statnett. http://www.statnett.no,18.5.2008.

[8] NVE. http://www.nve.no,18.5.2008.

[9] A. Emadi, M. Barnes, N. Jenkins e J.B. Ekanayake. Melhoria da qualidade da energia e da estabilidade de um parque eólico utilizando o STATCOM suportado por uma bateria híbrida de armazenamento de energia. *IEE Proceedings - Generation, Transmission and Distribution*, 153(6):701-710, novembro de 2006.

[10] Duilio Moltoni e Gabriele Fascendini. Suporte de tensão em sistemas de distribuição de corrente alternada por cargas electrónicas de potência. Tese de mestrado, Politécnico de Milão, 2007.

[11] Wojciech A. Tobisz, Milan M. Jovanovic e Fred C. Lee. Present and future of distributed power systems. *Proc. da sétima conferência e exposição anual de eletrónica de potência aplicada APEC*, páginas 11-18, fevereiro de 1992.

[12] Ali Emadi. Modelação de cargas electrónicas de potência em sistemas de distribuição de corrente alternada utilizando o método generalizado de cálculo da média do espaço de estados. *IEEE Transactions on Industrial Electronics*, 51(5):992-1000, outubro de 2004.

[13] N. Mithulananthan, M.M.A. Salama, C.A. Canizares e J. Reeve. Regulação da tensão do sistema de distribuição e compensação de variantes para diferentes modelos de carga estática.

International Journal of Electrical Engineering Education, 37(4):384-395, outubro de 2000.

[14]Mohamed Belkhayat, Roger Cooley e Arthur Witulski. Critérios de estabilidade de grandes sinais para sistemas distribuídos com cargas de potência constante. *Proc. da Conferência de Especialistas em Eletrónica de Potência do IEEE, PESC*, 2:13331338, junho de 1995.

[15]Awang bin Jusoh. O efeito de instabilidade de cargas de potência constante. *Proc. da Conferência Nacional de Potência e Energia, Kuala Lumpur, Malásia*, páginas 175-179, novembro de 2004.

[16]Juan Dixon, Luis Morán, José Rodríguez e Ricardo Domke. Tecnologias de compensação de potência reactiva: Revisão do estado da arte. *Proc. of the IEEE*, 93(12):2144-2162, dezembro de 2005.

[17]Ned Mohan. *Accionamentos eléctricos - uma abordagem integrada.* MNPERE, 2003.

[18]Ned Mohan. *Accionamentos Eléctricos Avançados - Análise, Controlo e Modelação usando Simulink.* MNPERE, 2001.

[19]Associação Dinamarquesa da Indústria Eólica. http://www.windpower. org,19.6.2008.

[20]Marta Molinas, Jon Are Suul e Tore Undeland. Interface de rede melhorada de geradores de indução para energias renováveis através da utilização de STATCOM. *Proc. da Conferência Internacional sobre Energia Eléctrica Limpa ICCEP, Capri, Itália*, páginas 215-222, maio de 2007.

[21]Jon Are Wold Suul. Controlo de uma central hidroelétrica de armazenamento por bombagem de velocidade variável para aumentar a utilização da energia eólica numa rede isolada. Tese de mestrado, Universidade Norueguesa de Ciência e Tecnologia, 2006.

yes
I want morebooks!

Buy your books fast and straightforward online - at one of world's fastest growing online book stores! Environmentally sound due to Print-on-Demand technologies.

Buy your books online at
www.morebooks.shop

Compre os seus livros mais rápido e diretamente na internet, em uma das livrarias on-line com o maior crescimento no mundo! Produção que protege o meio ambiente através das tecnologias de impressão sob demanda.

Compre os seus livros on-line em
www.morebooks.shop

info@omniscriptum.com
www.omniscriptum.com

Printed by Books on Demand GmbH, Norderstedt / Germany